監修：NPO法人ガリレオ工房

## はじめに

### ◆ この本のねらい

この本は、理科が好きな人にはもちろん、理科は苦手と感じている人やこれから理科をはじめる人にも読んでもらいたいと思って作りました。

本に登場する妖怪たちは妖術を使って人々をおどろかそうとしますが、理科の得意なリンによってタネ明かしをされてしまいます。勉強が苦手なケイは、リンや妖怪たちと実験するうちに理科に興味を持ち成長していきます。

理科は身近に起きているできごとのしくみを考える教科です。誰でも気軽に実験できるように、できるだけ身近にあるものでできるように工夫しました。興味を持ったものから挑戦してみてください。

### ◆ 実験のこころがまえ

実験はやみくもに行うのではなく、何をすればうまくできるか考えることも大切なポイントです。書いてある通りにやってもうまくいかないことがあるかもしれません。そんなときは 答え を先に読んで原因を考えてみてください。

なれてきたら材料や方法を変えて実験してみるのもよいでしょう。工夫を重ねることで、新発見があるかもしれません。先生やおうちの方と相談しながら試してください。

実験をしたら記録や発表もしてみましょう。108-109ページには「自由研究ノートの作り方」がのっているので参考にしてください。

## ◆ 保護者のかたへ

理科は体験が大切です。体験によって自分なりに学ぶことで、記憶にも残りやすくなります。お子さんから質問されたときにはぜひいっしょに考えてください。考えても答えが出ないときは本やインターネットで調べるお手伝いをお願いします。お子さんにとっては保護者のみなさんといっしょにいろいろ試したり考えたりすることも大切な体験の一部になります。

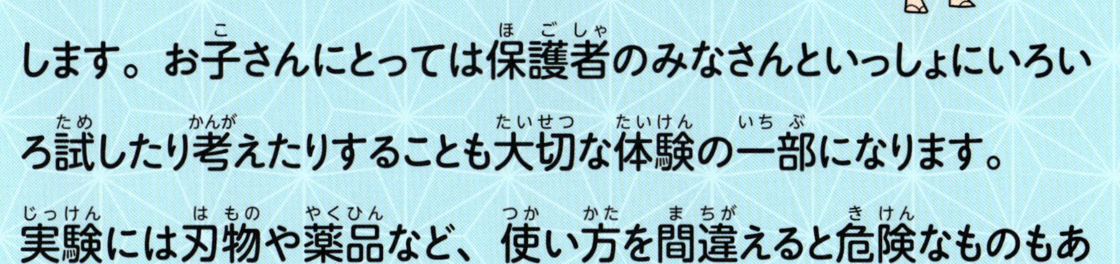

実験には刃物や薬品など、使い方を間違えると危険なものもあります。保護者のみなさんはお子さんがけがをしないように注意を払って、実験を見守ってください。

原口智

# この本の使い方

この本では、4つの章に分けて、妖怪たちがワクワクする実験を紹介するよ。
理科や実験が苦手でも安心して。手軽で夢中になれる実験ばかりだよ!

## まんが

各章のはじめに、4人の妖怪が得意な実験を紹介するよ。

## かかる時間

実験にかかる時間の目安だよ。作業する時間だけじゃなく、観察する時間もふくんでいるよ。

## 難易度

実験のむずかしさをあらわしているよ。色のついた「ひとだま」の数が多いほどむずかしいんだ。

## ふしぎ度

実験のふしぎ度をあらわしているよ。「ひとだま」の数が多いほどびっくりするような結果になるよ。

## 注意ポイント&ワンポイント

実験を安全に行うための注意ポイントだよ。保護者の人といっしょによく読んで実験をしよう。

## ふしぎをでんじゅ

とりあげる実験の手順をわかりやすく紹介するよ。きみも妖怪といっしょに実験を成功させよう!

ぼくにもできそう!

図がついてるからわかりやすいよ

## ふしぎをかいめい

どうしてふしぎな実験が成功したかしくみをくわしく解説するよ。

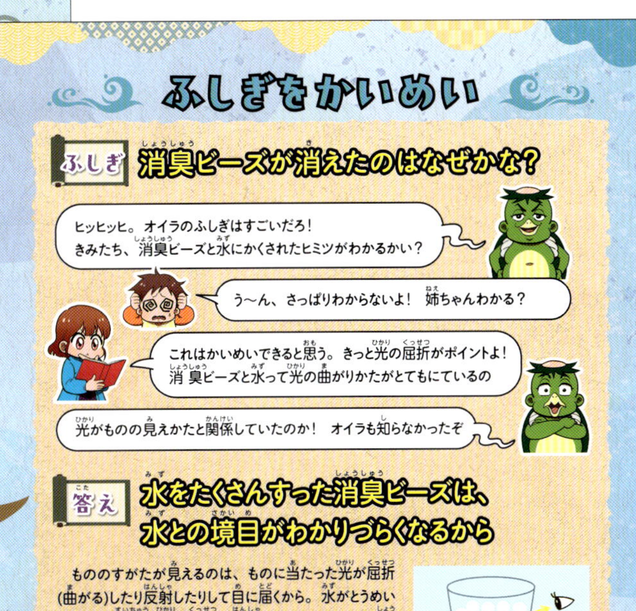


**もっと知りたい!**

### ガラスのマドラーも消してみよう!

**用意するもの** 水(コップ半分)/サラダ油(コップ半分)/無色とうめいのガラスのマドラー1本/無色とうめいのコップ1こ

1. 水とサラダ油を、コップに半分ずつ入れます。
2. マドラーをななめに入れてみましょう。マドラーは、どんなふうに見えるでしょう?

※実験に使った油は、自治体の決まりにしたがってかたづけましょう。

1 コップに水とサラダ油を入れる。

2 マドラーの半分が消えた!

## 発展実験

「ふしぎをでんじゅ」であつかった実験がもっと楽しめる発展実験だよ。

もくじ

ブク
ブク

2章

3章

## 実験の注意点

### 火を使うときは必ず保護者の人とやる！

この本では火や熱を使う実験もいくつかあります。やけどや火事の危険があるので、必ず保護者の人といっしょに行いましょう。

### はさみやカッターで手を切らないよう注意する！

むずかしいと感じた場合は、大人に手伝ってもらいましょう。カッターを使うときは机の上で直接作業せず、必ずカッターマットを使ってください。

### 実験でできたものは人や動物に投げない！

吹いたり、投げたりする実験もあります。そうした実験はまわりに人や動物がいないか確認してから行いましょう。

## 登場人物

### ケイ

ゲームが大好きな小学3年生。勉強は苦手で姉のリンによく怒られる。でも好奇心はおうせいでハマったことを深く考えるのは好きなようだ。

### リン

勉強が大好きなしっかりものの小学6年生。弟のケイが勉強嫌いなことにやきもきしている。実はこわがり。

### 河童

川に住んでいる妖怪。得意な水を使った実験でケイとリンをおどろかそうとする。おだてられると調子にのってしまう。ちょっとおっちょこちょい。

### ぬらりひょん

家に勝手にあがって人をおどろかすのが好きな妖怪の総大将。最近子どもたちが妖術でおどろかないことに悩み、実験でおどろかせる計画を立てる。

### 妖狐

変化するのが得意な狐の妖怪。色や形が変化する実験でケイとリンをおどろかそうとする。きれいなものが大好きで、お気に入りのコレクションがたくさんある。

### ざしきわらし

ケイたちの近所にある古い家に住む、少女の妖怪。遊び道具を作るような工作実験が好きなようだが、まだうまくできないみたいだ。

プロローグ

# 妖怪VS小学生スタート!?

ってなんで
人間の道具に
たよってるんだよ
画用紙
風船
紙コップ
ペットボトル

だってぇ〜……最近の子どもらは
ゲームだのプロジェクション
なんたらだので、わしらに全然
おどろかなくなっちゃったんだもん〜
おどろけ〜

そうそう
全然おどろいて
くれないのよね〜
わたしも家にいても
ゲームに夢中で
気づいてもらえないの
オイラも
きぐるみと思われて
全然こわがられねえ

おどろかすためには
手段は選ばん！ 人間の
力を借りておどろかす
作戦じゃ！
ふしぎじっけん
だいじょうぶ

人間の力を借りる
ことで、
疲れんしなあ
妖怪の総大将が
なさけねえなあ
妖術
もう少し右をたのむ

コラ〜

またゲーム
ばっかして
宿題の
自由研究やった？
も〜あとから
やるって〜

おとなりの
姉弟
また怒られてる〜

ずっとゲーム
してるよね。
何がいいの？
ギュッ

そりゃあ攻略だよ！
単純にぶつかって
いくだけじゃ勝てないんだ。
敵の攻撃を研究して、
こっちのキャラクターの
特性をしっかり考えて、
アイテムもそろえて
敵を倒す！

うおおおお〜
アイテムの調合
スキルの組み合わせ
防具の強化
ちゃんと
研究熱心で
論理的じゃない
自由研究、
実験もいろいろ
楽しいよ

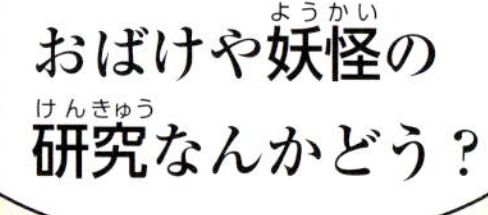
おばけや妖怪の
研究なんかどう？

うーん

そんなの
いるわけないだろ

そりゃそうか

くやしいー

アタシたちの
めいよにかけて
あの子たちをびっくり
させてやるんだから！

まずは河童様(カッパさま)があいつらを
びびらせてやんよ！
ドーン

河童のヒミツをときあかせ!?

# 1章 水を使った実験

川の妖怪
河童様だ！
ボコ
ボコ
ボコ

み、み、
水が一！
よよよ、
妖怪～～
ホンモノ!?
この
おどろきかた
久々で感動～

パ
サ

なんの本？
『ふしぎ
じっけん』？
実験??
ふしぎじっけん
こらー！
見るな見るな！
なんでもない！

河童さんも
実験が好き
なんだ!?
またまた
ごまかして～
ただの実験
じゃないか
ふしぎじっけん
実験じゃない！
「ふしぎ」だ！

VS
河童
じゃあもっとその
「ふしぎ」っての
見せてよ！
よっしゃー!!
とっておきの水を
使ったふしぎで
おどろけ！

水を使った実験 1

むずかしさ

ふしぎ

5分

# 水を使って ものの すがたを消しちゃおう！

河童が消臭ビーズをとりだしてニヤリと笑っている……。
いったいどんなしくみなんだろう？
さあ、河童といっしょに「ふしぎ」を体験してみよう！

## 用意するもの

① (無色とうめいな) ガラスのコップ 1こ
② 水 (コップ1杯分)
③ 消臭ビーズ (コップ1杯分)
④ おもちゃ (軽すぎずコップに入る大きさのもの)

①

②

③

④

**注意**

**消臭ビーズは排水口に流さないで！**

実験が終わったら、流し台に新聞紙を重ね、その上にコップの中身を出しましょう。
消臭ビーズをしっかり包んで、もえるゴミの日にすてましょう。

# ふしぎをでんじゅ

## その1 おもちゃを入れる

## その2 消臭ビーズを入れる

ガラスのコップに、ゴムのミニボールなどのおもちゃを入れます。

消臭ビーズをコップの9分目くらいまで入れます。

## その3 水を注ごう！

ガラスのコップの中に水を注ぎます。消臭ビーズがあふれないようにやさしく注ぎましょう。

## できた！

# ふしぎをかいめい

## 消臭ビーズが消えたのはなぜかな？

ヒッヒッヒ。オイラのふしぎはすごいだろ！
きみたち、消臭ビーズと水にかくされたヒミツがわかるかい？

う〜ん、さっぱりわからないよ！　姉ちゃんわかる？

これはかいめいできると思う。きっと光の屈折がポイントよ！
消臭ビーズと水って光の曲がりかたがとてもにているの

光がものの見えかたと関係していたのか！　オイラも知らなかったぞ

## 水をたくさんすった消臭ビーズは、水との境目がわかりづらくなるから

もののすがたが見えるのは、ものに当たった光が屈折(曲がる)したり反射したりして目に届くから。水がとうめいなのは、水中で光が屈折や反射しないからなんだ。消臭ビーズは大量の水をふくんでいるので、ビーズが水の中にあると光は屈折や反射せずまっすぐ進むよ。だから消臭ビーズが消えたように見えるんだ。

もっと知りたい！

### ガラスのマドラーも消してみよう！

**用意するもの** 水（コップ半分）／サラダ油（コップ半分）／無色とうめいのガラスのマドラー 1本／無色とうめいのコップ 1こ

❶ 水とサラダ油を、コップに半分ずつ入れます。
❷ マドラーをななめに入れてみましょう。マドラーは、どんなふうに見えるでしょう？

※実験に使った油は、自治体の決まりにしたがってかたづけましょう。

コップに水とサラダ油を入れる。

マドラーの半分が消えた！

水を使った実験 2
むずかしさ
ふしぎ
5分
わあ、
きれい……
1つ光って
ないのがある！
ピカピカで
あやしいだろ～

# 液体があやしく光りだす!?ブラックライトで照らそう!

液体がカラフルに光ってきれいだね。
これはブラックライトの光が関係しているんだって。
河童といっしょに、光るものを調べてみよう!

**用意するもの**

① 無色とうめいのコップ 3こ
② 水(コップ半分くらい)
③ 酢(コップ半分くらい)
④ 栄養ドリンク(ビタミン$B_2$が入っているものをコップ半分くらい)
⑤ ブラックライト 1こ

**弱い光でも気をつけて! ブラックライトは直接見ない・人に向けない**

ブラックライトの光は暗くても強い紫外線をふくむので、人体にえいきょうをあたえます。暗いところで直視すると、目を痛めるおそれがあります。

# ふしぎをでんじゅ

## その1 コップに水を入れる

無色とうめいのコップ1こに、半分くらいまで水を入れます。

## その2 コップに栄養ドリンクと酢を入れる

栄養ドリンクと酢を、それぞれ別のコップに入れます。水と同じくらいの量にしましょう。

## その3 まわりを暗くしてコップに光を当てると……？

部屋を暗くして、3つのコップをブラックライトで照らしてみましょう。

# ふしぎをかいめい

## どうしてブラックライトを当てると光るの？

オイラのお皿も液体もイケてるだろ？
ブラックライトの光を浴びると、どっちもかがやくんだぜ！

すごいね！　でも、なんでぼやっと光るの？

ブラックライトの紫外線を浴びたからよ。
蛍光物質を持っているものが反応するってわけ！

紫外線？　蛍光物質？　いったいどんなものなんだ？

## 蛍光物質が、ブラックライトが出す紫外線に反応したから

紫外線は太陽の光にもふくまれる目に見えない光だよ。「蛍光物質」には紫外線を吸収することで光を出す性質がある。栄養ドリンクと酢は、蛍光物質をふくんでいるからブラックライトの紫外線が当たると光ったんだ。ほかにも蛍光物質は身近にたくさんあるよ。部屋を暗くして探してみよう。

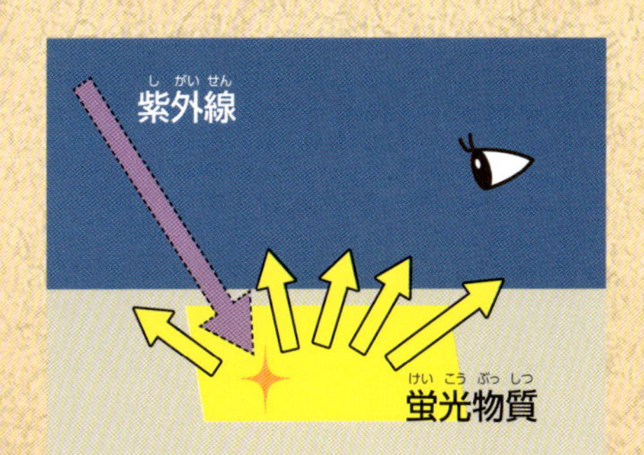


もっと知りたい！

## 身のまわりの光るものをさがしてみよう！

**用意するもの**

あめ（いろいろな果汁入りのもの）／メラミンスポンジなど

ブラックライトの光をいろいろなものに当て、蛍光物質がふくまれているか調べてみましょう。意外なものが光るかもしれません。ただし、生き物には光が大きな刺激になるので、ブラックライトを向けてはいけません。

※あめは光っても人体に害はありません。

メラミンスポンジが青く光った！

あめの味によって光の色がちがうよ。

水を使った実験
3
むずかしさ
ふしぎ
10分
ふっふっ……
あわてているな。
あわだけに
ブクブク
コップから
あふれちゃった！
わ、わ、
ブクブクが
とまんないよ～
ジュワ～

# 酢に重曹を入れて
# ブクブクあわを出そう！

河童があわが出るふしぎな沼から顔を出しているよ！
酢と重曹にあわのヒミツがあるみたい……。
コップに入れると、どんな反応をするのかな？

**用意するもの**

① プラスチックのコップ 1こ
② 酢（コップの半分くらい）
③ 重曹（スプーン2〜3杯分）
④ スプーン 1本

③

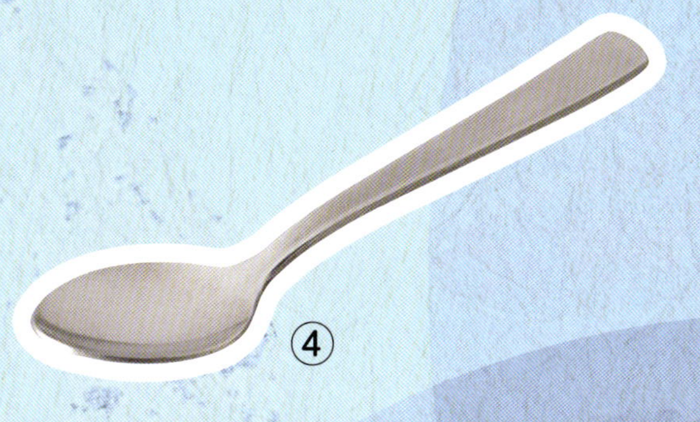

**反応を見のがさないで！　重曹は何回かに分けて入れよう**

重曹が酢にまざると、いっきに反応が始まります。重曹を少しずつコップに入れるのが成功のコツです。

# ふしぎをでんじゅ

## その1 コップに酢を入れる

コップが小さめだと酢を使う量が減らせるのだ！

酢をコップの半分くらいまで、あわが立たないようにゆっくり入れます。

## その2 重曹をスプーン1杯分すくう

重曹はそうじにも使えるよ

スプーンからこぼれ落ちないていどの量をすくいます。

## その3 酢に重曹を入れると……？

重曹を「1杯目、2杯目……」と数えながら、数回に分けて入れましょう。

あわの発生がおさまったら、そのまま流しにすてててOKよ！

# ふしぎをかいめい

## ブクブクとあわが出たのはどうして？

ごほっごほっ……。オイラは妖術で池も作れるんだぜ！
なんでブクブクのあわが出たと思う？

きゃあ、すっぱい香り！　これは酢の池ね。
重曹を入れることで、反応が起きたのね！

料理に使う酢と、そうじにも使う重曹……。なんでその2つが必要なの？

むむっ、リンは物知りだな！　オイラにも教えておくれ〜！　ごほっ

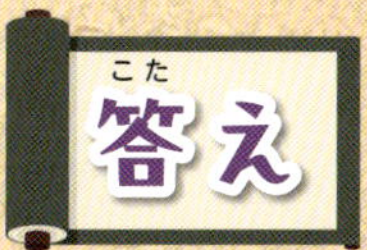


## 酢と重曹がまざりあい二酸化炭素ができたから

あわの正体は二酸化炭素。酸性の酢に、アルカリ性の重曹（「炭酸水素ナトリウム」という物質）を入れたことで化学反応が起きたんだ。二酸化炭素のほかに酢酸ナトリウムと水も発生するよ。ほかの酸性のものでも、重曹とまぜることで二酸化炭素を発生させるものもあるよ。

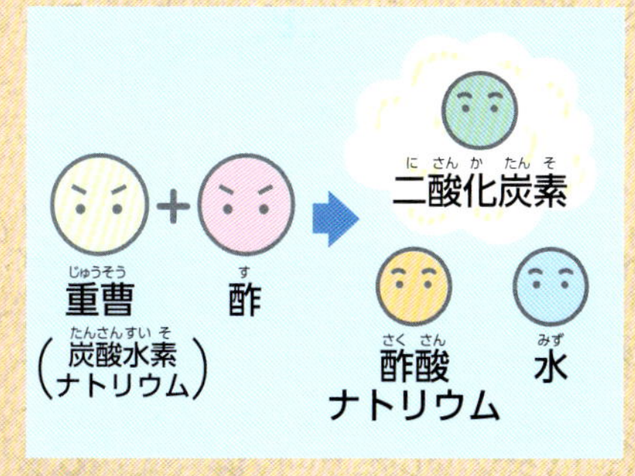


もっと知りたい！

### シャボン玉を浮かべてみよう

**用意するもの**　重曹（1/4カップていど）／酢（おけの底から1センチていど）／シャボン液と吹き具 1セット／大きなおけ（水そうや洗面台でもできるよ。しっかり深さがあると◎）1こ

1. おけに酢を入れ、全体にまんべんなく重曹を入れます。
2. あわがおさまったら、おけの横から吹き具でシャボン玉をそっと作りましょう。シャボン玉は空気と二酸化炭素の境目あたりで浮かびます。

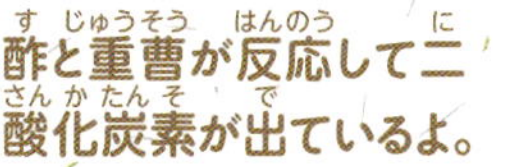
酢と重曹が反応して二酸化炭素が出ているよ。

シャボン玉が落ちずにフワフワ浮かぶ！

水を使った実験
4
むずかしさ
ふしぎ
1日
青色が真ん中に
集まっているね
しょーがない。
作り方を
教えてやろう！
かっこいい！
コレほしい！

# 色水を冷やして色を真ん中に集めよう!

河童が氷で作ったアートをじまんしているよ。
どうやら作り方を教えてくれるみたい。
河童に教わりながら、ふしぎな氷を作ってみよう!

## 用意するもの

① プラスチックのコップ（牛乳パックに入る大きさ）1こ
② 水（コップ1杯くらい）
③ 食用色素（耳かき1杯くらい）
④ 空の牛乳パック（500ミリリットル）1こ
⑤ ラップ（コップの口をおおうくらい）
⑥ 新聞紙 1～2まい
⑦ きほうかんしょうシート（牛乳パックを包めるくらい）
⑧ 輪ゴム 1本

①

②

食用色素
青

③

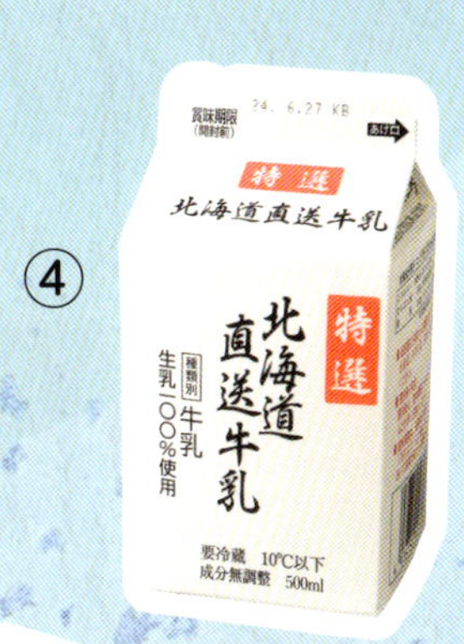


④

⑤

⑦

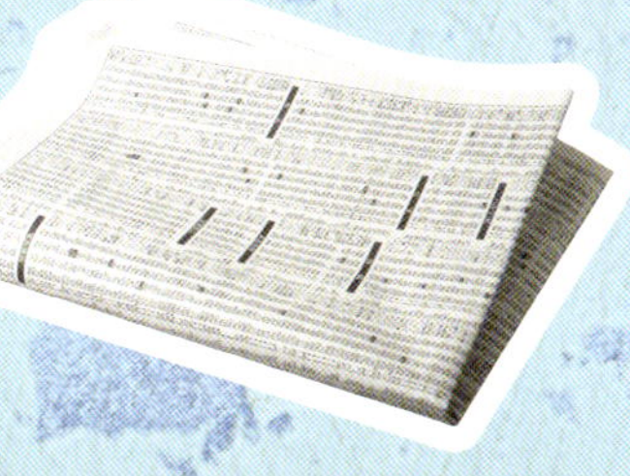

⑥

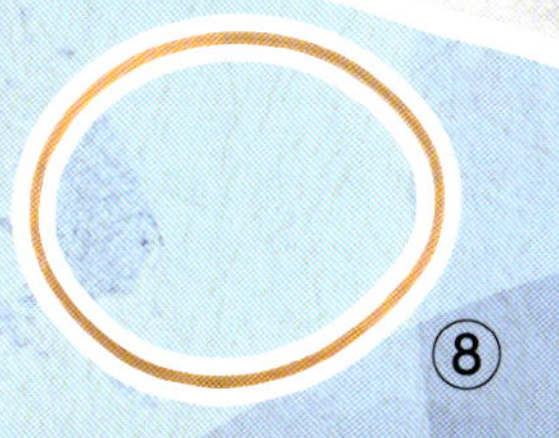

⑧

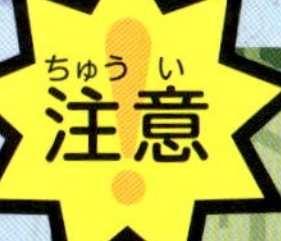

注意

**ガラスのコップは使わないで!**

ガラスを冷やすと、われたりひびが入ったりするおそれがあります。
実験では、プラスチックなどのコップを使うと安心です。

# ふしぎをでんじゅ

## その1 牛乳パックに新聞紙をつめる

新聞紙1まいを半分にやぶり、丸めて牛乳パックの底に入れます。

## その2 色水入りのコップを牛乳パックに入れる

水に食用色素を入れて作った色水をコップに入れ、ラップを輪ゴムでとめて 1 に入れます。

## その3 新聞紙でフタをしてシートで包み冷凍庫へ

2 の上に新聞紙を入れシートで全体を包み、冷凍庫に入れて1日冷やします。

## できた!

# ふしぎをかいめい

## ふしぎ　色が真ん中に集まったのはなぜ？

河童さんに習ってぼくも氷を作れたよ！

オイラほどではないがいいアートができたな！
ところでリンはこの氷も説明できるのか？

そうね、冷凍庫の中でゆっくり冷やすと、水がコップのまわりからじわじわ凍るの。だから色のもとは中心に集められていくのよ！

## 答え　外側からじわじわ凍る水に、色素が押しのけられるから

冷凍庫の冷たさは、水の外側から中に向かってゆっくりと伝わるよ。水は、冷やされて氷に変わるとき、水以外の物質を押し出そうとはたらく。水が時間をかけて凍ると、色素がどんどん中心に集まるんだ。実験では、牛乳パックの内側に新聞紙を入れたり、外側をシートで包んだりすることで、冷凍庫でゆっくり冷やすことができるので、きれいな丸が真ん中にできたんだね。

もっと知りたい！

### 真っ白の氷を作ってみよう！

**用意するもの**　プラスチックのコップ 1こ／炭酸水（コップ8分目くらい）

❶ 炭酸水をコップの8分目くらいまで注ぎます。
❷ 冷凍庫で凍らせます。氷が白く見えるのは、氷にとじこめられたきほうに当たった光が、さまざまな方向に反射するためです。

※ペットボトルのまま凍らせないこと！

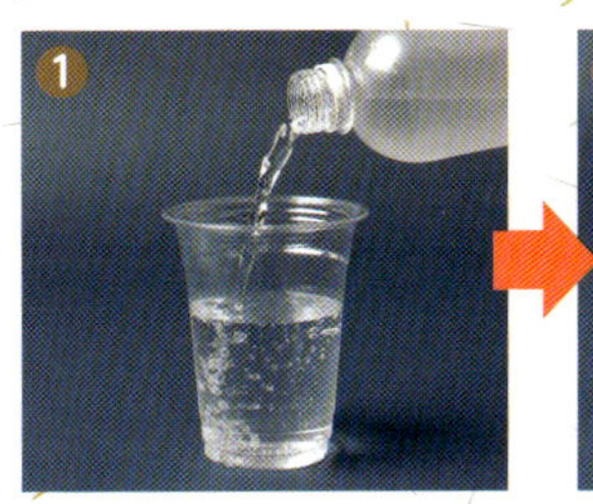

炭酸水を冷凍庫でこおらせると……

真っ白の氷が完成！

水を使った実験
5
むずかしさ
ふしぎ
1時間
オイラのお気に入りの曲を聞くかい？
塩を入れた水で曲が流れるってことは……？
いぇいいぇい！ノッてきた！

# 電池のパワーを吸収して水で音楽をかなでよう！

河童の歌に合わせて、メロディーが聞こえてきたよ！
一体どんなしくみで、電気が流れているんだろう？
身近なものを使って、ふしぎな水を作ろう！

## 用意するもの

① ふたつきクリアカップ 1こ
② 水（コップ8分目ていど）
③ 塩（ふたつまみていど）
④ スプーン 1本
⑤ えんぴつ 2本（両側をけずる）
⑥ カッターナイフ 1こ
⑦ 角形9V電池 1こ
⑧ クリップつきの導線 2本
（なければ35ページ「もっと知りたい」の導線を作ってみてもよい）
⑨ 電子メロディー 1こ
（入手先は110ページ参照）
⑩ カッターマット 1まい

©伯方塩業

## 注意

**カッターナイフはひとりで使わない！　電池はぬれた手でさわらない！**

ケガをしてしまうおそれがあるので、カッターナイフは必ず保護者の人といっしょに使いましょう。また、感電するのでぬれた手で9V電池を触ってはいけません。

# ふしぎをでんじゅ

## その1 カップに入れた水に塩をまぜる

カップに水を注ぎ、塩をふたつまみていど入れよくかきまぜます。

## その2 カッターナイフでふたに切れ目を入れる

ふたの端のほうに、えんぴつをさすための十字の切れ目を2つ作ります。

## その3 えんぴつをコップのふたにさす

2本のえんぴつのしんが水につかるように、しっかりとさします。

## その4 えんぴつと電池をクリップでつなぐ

あわが出ないときは
塩をひとつまみ水に
加えてみよう

水に入っているえんぴつの先にあわがついたら、そのまま2～3分ほど待ちましょう。

## その5 電子メロディーとえんぴつをクリップでつなぐと……

電池をはずし、クリップつきの導線で電子メロディーとえんぴつをつなぎます。

# ふしぎをかいめい

## なぜ電池をはずしたのに電子音が出たの？

きれいな音色が、オイラの歌にピッタリだぜ！
ん？　電池がないのに音が流れたワケがわかったのか？

えーっと……えんぴつについていたあわがカギなんじゃないかな!?

そのとおり！　このあわは水から生まれた「酸素」と「水素」なの。
えんぴつにたくわえられて電気が発生したのよ

水から、電気が……??　妖術よりもふしぎだぞ～！

## 水に電気を流して分かれた酸素と水素が、再び出会ったから

塩を入れた水の中に電気を流すと化学反応が起きるよ。電池のプラス極につないだえんぴつから酸素が生まれ、マイナス極につないだえんぴつからは水素が生まれたんだ。電池をはずし、電子メロディーをつなぐと、そこが電気の通り道になり、えんぴつにたまった酸素と水素が水にもどろうとして、えんぴつと塩を入れた水が電池のようにはたらいたんだ。

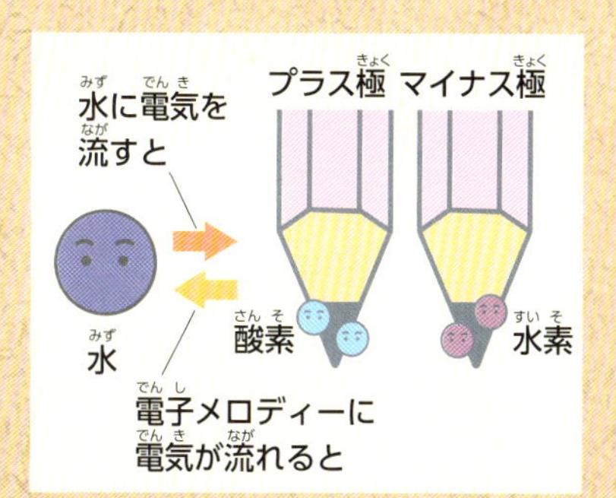




## アルミホイルで導線を作ろう！

**用意するもの**　アルミホイル（25cm×5cmていど）／目玉クリップ 2こ／マスキングテープ（好きなもようのもの）

❶ アルミホイルの長辺を、3mmはばに折りこんでいきます。長細くなったアルミホイルの先を、目玉クリップのあなにまきつけます。

❷ アルミホイルの表面全体がかくれるようマスキングテープをはりましょう。

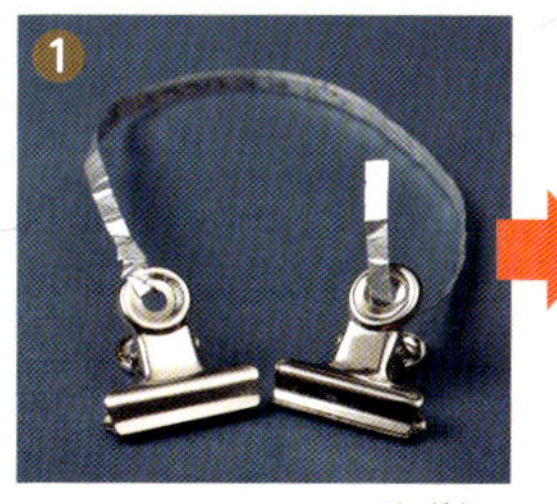


アルミホイルは、目玉クリップのあなに入りやすいはばに折ろう。

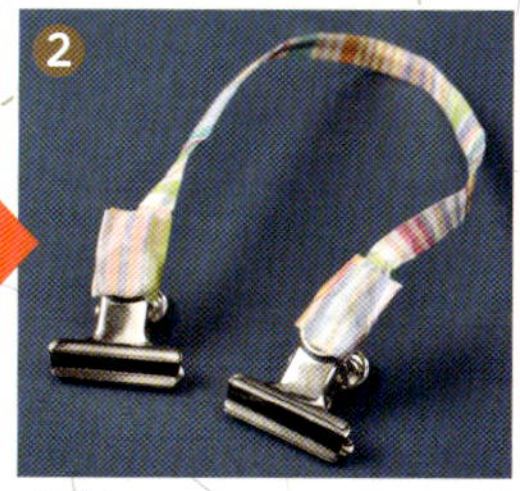


目玉クリップのあなの部分もテープでしっかり固定しよう。

## さわっていないのに勝手に!?

# 2章 ものが動き出す実験

スーパー小学生!?
まあね。あれくらい
簡単だったよ！
わしは河童の
ようには
いかんぞ
カッ
ぬ
ん
!!
おどろけ、
おどろけ！
じょぼぼぼぼ
ジュースが
勝手に動いてる!
わしの念力を
使ったふしぎは
ホンモノじゃぞ〜。
かいめいできるかな?
VS
ぬらりひょん
わしは妖怪の
総大将
ぬらりひょん
ぼくたち
スーパー小学生が
しくみをかいめい
してやる！

## ものが動き出す実験 1

むずかしさ

ふしぎ

10分

まずはちょちょいとおどろかしてやるかね

ビニールぶくろが飛んでいる!?

気球みたいだね！

# ふくろをドライヤーで温めて浮かべてみよう！

ぬらりひょんがふくろをたくみにあやつっているよ！
どんなしくみがあるのかな？
ふしぎなふくろの動きに注目してみよう！

## 用意するもの

① 45リットルのビニールぶくろ 1まい（うすいもの）
② セロハンテープ 1こ
③ はさみ 1こ
④ ドライヤー 1こ

**ワンポイント**

### 部屋の温度を下げて実験しよう

温度の低い場所のほうが、実験の結果がわかりやすくなります。
夏場に行う場合は、冷房をつけるなどして室温を調節しましょう。

# ふしぎをでんじゅ

## その1 セロハンテープでふくろの口をとじる

ふくろは
できるだけ軽いもの
を選ぶのじゃ!

セロハンテープをふくろの口にはってとじましょう。

## その2 ふくろの角にテープをはり、はさみで切る

ふくろの角の1つに、ななめにセロハンテープをはり、はさみでテープの上から角を切り落とします。

セロハンテープ
みたいな
軽めのテープが
いいんだね

## その3 ドライヤーで温めて手をはなすと……?

ふくろをしっかりと広げ、口にドライヤーの先を入れて温風をふき入れます。1分間を目安に温めましょう。

## できた!

# ふしぎをかいめい

## ふくろがふわふわ浮いたのはどうして？

こりゃゆかい。まるで気球のようじゃろ？
わしもこのふしぎで空を飛んでみたいのう

いいな～！　ぼくも空の旅につれていってよ！

あやしい妖怪についていっちゃダメ！
空気は、温めるとふくらむのよ。そして上に向かうの

そうなのか！　でも、なぜ上に……？　リン、しくみを教えておくれ

## 答え　温めた空気がまわりの空気よりも軽くなったから

ふくろの中の空気は、ドライヤーの熱で温められたよ。そして、まわりの空気よりも軽くなって上に動いたんだ。熱気球もこの原理で空を飛ぶよ。気球の中の空気を熱すると温かい空気が上にいき、冷たい空気は下に押し出され、うく力が生まれるんだ。しずくをさかさまにしたような形のおかげで、温かい空気が上にたまりやすくなっているよ。

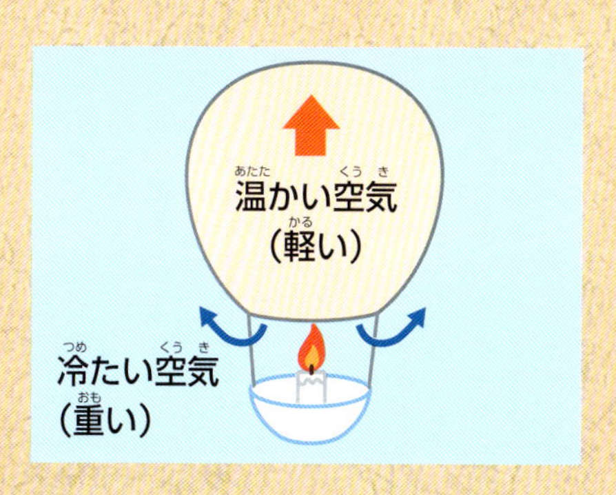


## もっと知りたい！　折り紙のプロペラを回してみよう！

**用意するもの**　折り紙（15㎝角のもの）／つまようじ 1本

❶ 折り紙をたてに1回、横に1回折って1/4サイズに切ります。1/4を4まいのプロペラ形に切り、すべての羽根にななめに折り目をつけます。

❷ ①をつまようじの上にのせて手をかざしてみましょう。手の熱で温められた空気が上に向かって流れ、プロペラが回ります。

切った折り紙をさらにななめに切ろう。

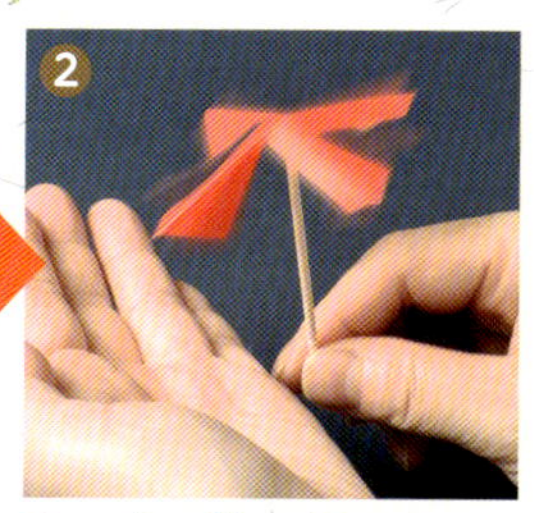


手を折り紙の近くにかざすと、勝手に動き出した！

# ものが動き出す実験 2

むずかしさ　ふしぎ

10分

# 風船をこすって近づけて<br>えんぴつを大回転させよう！

ぬらりひょんが風船をかざしているね。
えんぴつに、ふしぎなパワーがはたらいたみたい！
みんなも風船を使ってえんぴつを回しちゃおう。

## 用意するもの

① 風船 1こ
② ストッキング（ナイロン製、なければウールのマフラーやキッチンペーパー） 1足
③ 糸 1本
④えんぴつ 1本
⑤セロハンテープ 1こ

### すずしくて空気が乾燥している日に実験してみよう

この実験では、静電気を発生させます。静電気は、湿度が低い環境でたまりやすいので、気温が低くよく晴れた日がおすすめです。

# ふしぎをでんじゅ

## その1 えんぴつの真ん中に糸をとめる

15㎝くらいに切った糸の先を、えんぴつの中心に1回巻きつけ、セロハンテープでとめます。

## その2 風船をストッキングでよくこする

風船の表面を、丸めたストッキングで大きく10回ていどこすります。

## その3 風船をえんぴつに近づけてみると……?

片手で糸を持ち、もう片方の手でえんぴつの片側に風船を近づけます。

# ふしぎをかいめい

## ふしぎ　えんぴつが回るのはなぜ？

びっくりしたけど、今回も妖術じゃなさそうね。
まさつによって、静電気が発生しているみたい。

静電気って、冬にドアノブをさわったときにパチッとするアレかな？

ありゃ、これもかいめいされたか。
静電気はどんなふうにはたらいてえんぴつを動かすんじゃ？

## 答え　風船にたまった静電気が、えんぴつを引き寄せたから

すべての物質はプラスとマイナスの電気を持ってるんだ。2つのものをこすり合わせると、どちらかにマイナスの電気が移動し静電気が発生するよ。マイナスの電気をうけとったほうはマイナスの電気、マイナスの電気をうばわれたほうはプラスの電気を帯びるよ。プラスとマイナスは引き合うので、マイナスの電気を帯びた風船に、えんぴつが持つプラスの電気が引き寄せられて動いたんだね。

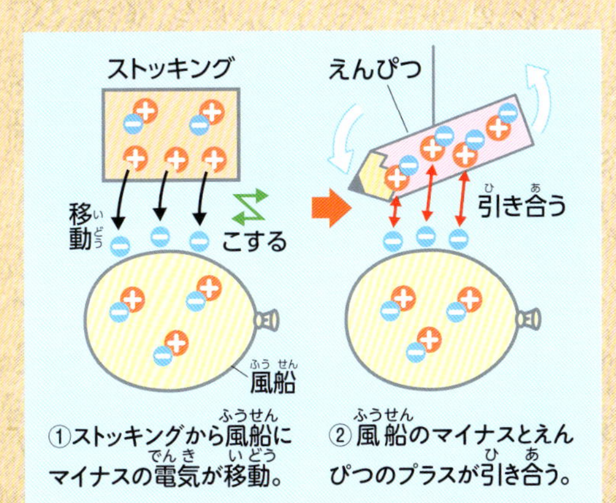

①ストッキングから風船にマイナスの電気が移動。
②風船のマイナスとえんぴつのプラスが引き合う。

もっと知りたい！

### 風船を静電気で浮かばせよう！

**用意するもの**　水風船（小）1こ／風船（大）1こ／ストッキング 1まい（ナイロン）

❶ 2つの風船をふくらませます。それぞれの風船をストッキングで10回ほど大きくこすりましょう。
❷ 大きい風船を持ち、水風船をその上にほうりなげてみましょう。

1 浮かばせる風船は全体をこすろう。

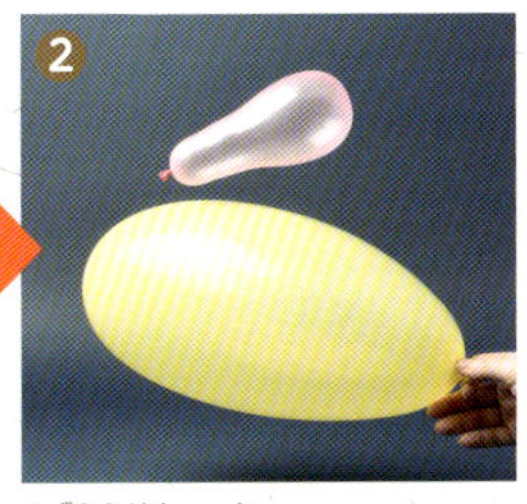
2 水風船が落ちないように、大きい風船を動かそう。

ものが動き出す実験 3
むずかしさ
ふしぎ
15分
ストローに
なにかしかけが
あるのかな？
次は念力で
水を動かすぞよ！
ふつうのストロー
みたいだね？

# コップにストローを入れて水を移動させよう！

ぬらりひょんが持っているストローには
どんなヒミツがかくされているのかな？
水を使ってさぐってみよう！

## 用意するもの

① コップ 2こ
② 水（コップ1杯分）※撮影では、水に色をつけています。
③ 曲がるストロー 1本
④ はさみ 1こ
⑤ ボウル 1こ

**ぬれてもいい場所で実験しよう！**

水でまわりがぬれるかもしれません。電子機器の近くでは行わないようにしましょう。
おぼんの上や、台所のシンクの中で実験するとさらに安心です。

# ふしぎをでんじゅ

## その1 ストローを短く切る

## その2 水を入れたコップにストローをしずめる

ストローを、曲がる部分がちょうど真ん中になるように切ります。

水をコップの9分目ほど注ぎ、ストローを水に入れて内部を水で満たします。

## その3 ストローの片側を空のコップに入れると……？

空のコップに入れるほうのストローの口は、指でしっかり押さえましょう。

## できた！

# ふしぎをかいめい

## ふしぎ　水はなぜ空のコップに移動したの？

わしの念力はすごいじゃろ？　滝の水をのぼらせてみようかのう

ぼくも念力で滝の水をあやつりたい！

それは無理ね。水は高い場所から低い場所へ流れるもの。
この実験では、ある原理を使ったのよ

どんな原理か気になるわい！
念力よりも大きな力がありそうじゃな……

## 答え　「サイフォンの原理」で、水が低いところから高いところへ向かって流れたから

水は、もともと高いところから低いところへと流れるよね。ただし今回の実験のように、ストローの中の空気をなくし水で満たした状態にすれば、水が低いところから高いところを通って流れるよ。これは「サイフォンの原理」とよばれ、水そうの水を入れ替えるときや灯油のポンプなど、日常生活でも便利に使われているんだ。

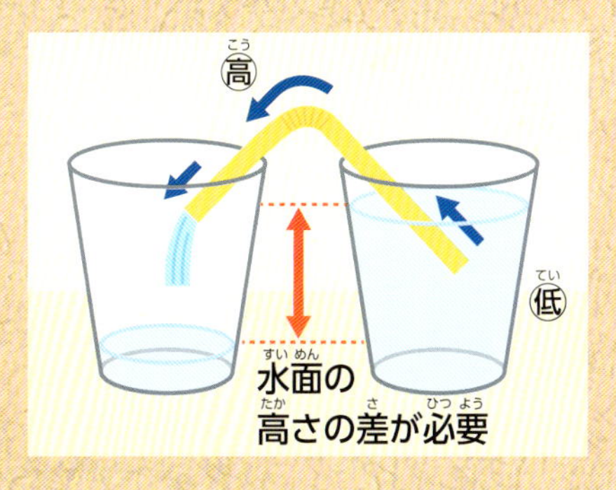

もっと知りたい！

### 教訓茶碗を作ってみよう！

**用意するもの**　紙コップ 1こ／曲がるストロー 1本／千枚通し 1本／輪ゴム 1こ／水／ボウル 1こ　❶コップの底にきりであなを開け、ストローをさします。ストローは輪ゴムでとめましょう。❷ボウルをコップの下に用意して、ゆっくりとコップに水を注ぎます。❸ストロー全体が水につかると、口からどんどん水が流れだします。

1 きりでケガをしないように気をつけて。紙コップだと安全だよ。

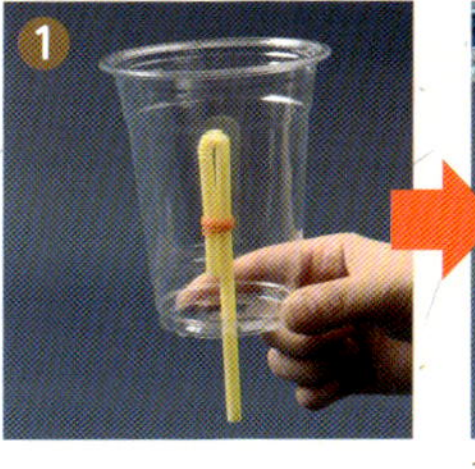

2 少しずつ水を入れよう。途中までは、水がたまっていくよ。

3 ストローの上まで水を入れると、水が流れ出しちゃった！

※中が見やすいようにプラスチックコップを使っています。

ものが動き出す実験
4
むずかしさ
ふしぎ
30
分
たまごも念力で
押しこめよう
ビンを
さわってみると
冷たいね……
ビンの口より大きい
のに入ったよ!

# ビンの温度を変化させて ゆでたまごをとじこめちゃおう！

ゆでたまごは、ビンの口よりもずっと大きいよね！
じまんげな表情のぬらりひょんは、
一体どうやって中に入れたんだろう!?

## 用意するもの

① ゆでたまご（ビンの口より少し大きいくらい）1こ
② 氷水（1リットルくらい）
③ お湯（1リットルくらい）
④ 牛乳ビン 1本
⑤ ペットボトル（1.5リットル）2本
⑥ はさみ 1こ
⑦ 温度計 1本

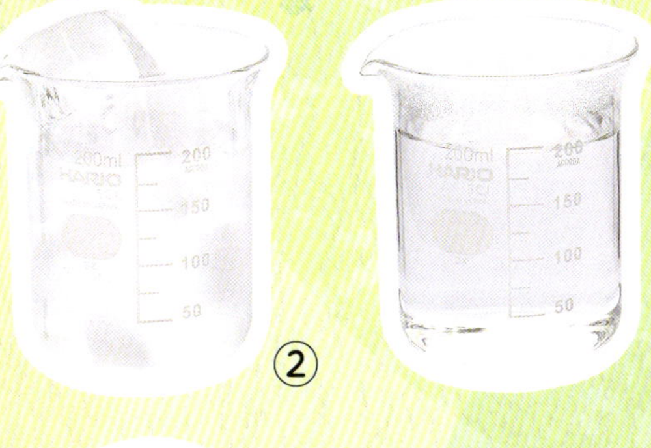

**お湯やビンでやけどしないように気をつけて！**

お湯を冷ますときや、温められたビンにふれるときに、やけどをしないように気をつけましょう。お湯がはだにふれた場合は、すぐに水で冷やすようにしましょう。

# ふしぎをでんじゅ

## その1 切ったペットボトルにお湯と氷水を入れる

お湯と氷水を、ペットボトルの6分目くらいまで注ぎます。やけどをしないようお湯は60～80℃にします。

## その2 ビンをお湯に入れゆでたまごでふたをする

ビンをお湯に入れ、全体が温まったら8分くらいゆでたたまごで、ビンの口をふさぎます。

## その3 2のビンを氷水に移してしばらくすると……

ビンがじゅうぶんに温まったら、氷水に移します。

## できた！

# ふしぎをかいめい

## ふしぎ なぜゆでたまごが勝手に入っていったの？

## 答え 空気が中からたまごを押せず、外の空気に押し込まれたから

ビンの口にたまごをのせたとき、ビンの外と中から空気がたまごを押し合うよ。そして空気は、温めるとふくらみ冷やすとちぢむ。ビンをお湯で温めたことにより、中の空気がふくらみ、たまごを押しかえしていたよ。その状態から氷水で急に冷やしたので、ビンの中の空気がちぢみ、空気が少なくなる。すると中の空気はたまごを押せなくなり、外の空気に押されてたまごが入ったんだ。

## もっと知りたい！

### ビンに入ったゆでたまごを取り出してみよう！

**用意するもの** 実験で使ったゆでたまご入りのビン／トング（ゴム製のもの）1こ／お湯

❶ 実験で使ったビンを逆さまにして、トングで持ちます。

❷ ビンに上からお湯をかけます。ゆでたまごの動きが止まったら、ビンをもとの向きにもどしてお湯につけましょう。中の空気が温められて、ゆでたまごを外に押し出します。

※やけどの危険があるので、必ず保護者の人といっしょにやってね。

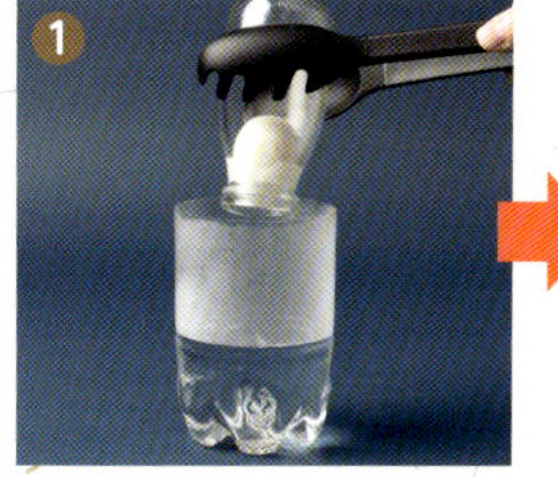

1 氷水で冷やしたビンを上下逆さにして持つよ。

2 ビン全体が温まるとどんどんゆでたまごが動き出す。

ものが動き出す実験
5
むずかしさ
ふしぎ
1
時間
1本動かすだけで
ほれほれ
ゆれているふりこと
ゆれていないふりこの
ちがいは何だろう？
別のふりこも
動き出した！

# 1つのふりこを動かして たくさんのふりこをゆらそう！

同じ長さのふりこだけが、ゆらゆら動いているよ。
でも、ぬらりひょんがふれたのはたった1つだけなんだ！
みんなでふりこのふしぎをときあかそう。

**用意するもの**

① たこ糸 10本
② こむぎねんど（好きな色）
③ はさみ 1こ
④ じょうぎ 1本（30㎝）
⑤ パズルボード・Mサイズ 2まい
⑥ パズルボード・Lサイズ 2まい

**パズルボードがないときは、イスを使ってみよう！**

パズルボードは、100円ショップなどでも売られていますが、手に入らない場合はイス2脚を背中合わせに並べ、背もたれにたこ糸を結ぶと、ふりこをつり下げられます。

# ふしぎをでんじゅ

## その1 ボードを組み立てる

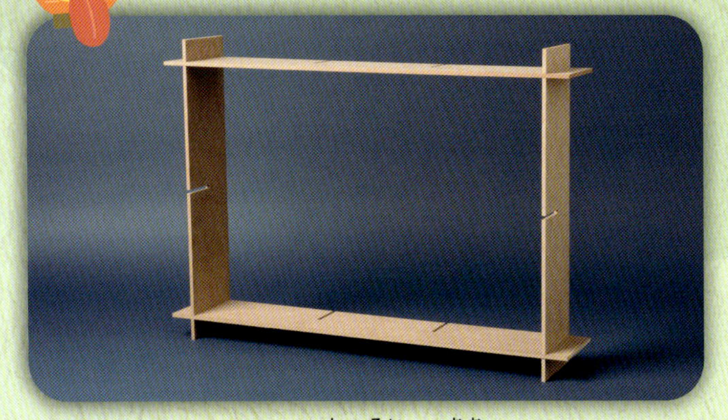

パズルボードは2種類の大きさのものを組み合わせて、横長にします。

## その2 上側に1本のたこ糸をかける

横にぐるっと一周するように、たこ糸を張りめぐらせます。

## その3 じょうぎではかって糸の長さを調節する

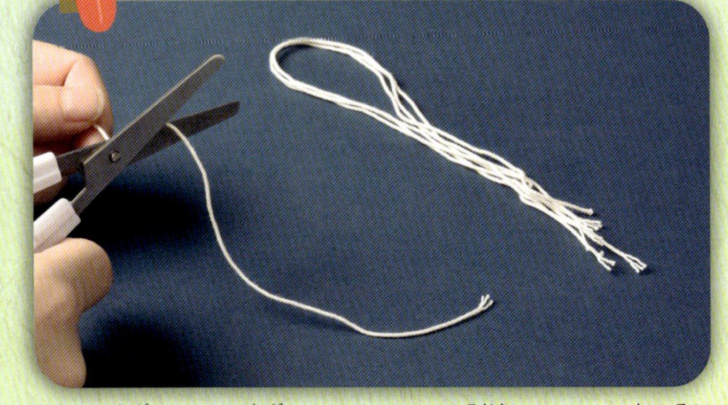

糸の長さが「長い・ふつう・短い」の3種類(3本ずつ)になるように、はさみで切ります。

## その4 9本の糸を同じ間隔で結びつける

糸は、3cmていどずつあいだをあけてしっかり結んでね!

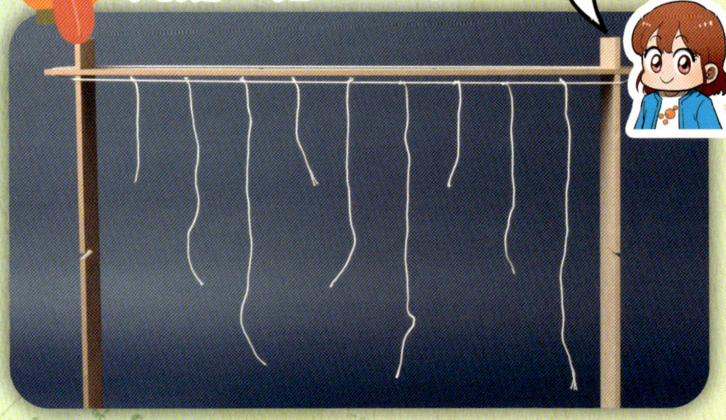

9本の糸を、横の糸に等間隔に結びます。

## その5 糸の先にこむぎねんどをつけて、1つをゆらすと……

ふりこの長さが同じものを3つずつ作るのじゃ!

こむぎねんどで同じ大きさの球を9つ作り、糸の先につけます。1つだけゆらしてみましょう。

できた!

# ふしぎをかいめい

## ふりこが勝手に動いたのはなぜ？

ぼくも1つのふりこをゆらしたら、同じ長さのふりこが大きく動いたよ！

よくできたのう。きみも妖怪の才能がありそうじゃな

弟をスカウトしないで！　ふりこが動いたのは、ゆれる周期が関係しているわね

周期？？　ゆれ方にどんなちがいがあるんじゃ？

## 答え ゆれる周期によってふりこが同じ動きをするから

ふりこにはそれぞれ、往復のゆれにかかる時間（周期）があるよ。周期は、糸の結び目からねんどの中心までの長さによって決まる。1つのおもりがゆれるとおもりを支えている横の糸に同じ周期のゆれが伝わるよ。そのゆれがまたほかのふりこに伝わって、同じ長さ（周期）のものだけがゆれ出したんだ。

### もっと知りたい！ 念力ふりこを作ろう！

**用意するもの** 木の棒 1本／たこ糸 3本／こむぎねんど（好きな色）

❶ たこ糸を「長い・ふつう・短い」の3種類の長さに切り、同じ大きさのこむぎねんどを中心につけたら、木の棒にしっかり結びつけます。

❷ ゆらしたいふりこをじっと見ながら少しずつ棒をゆらしてみましょう。

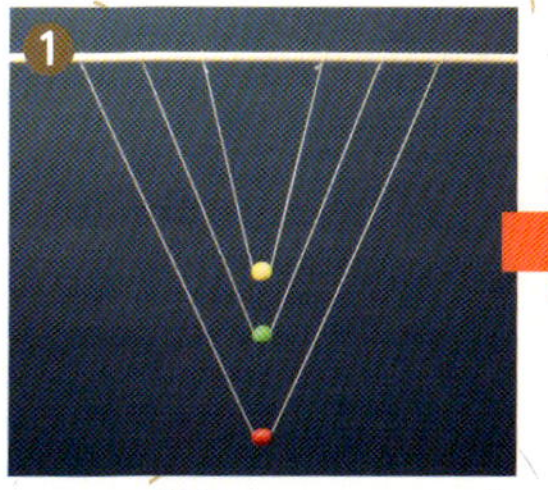


ふりこを結びつけたら、木の棒の左右を持ってね。

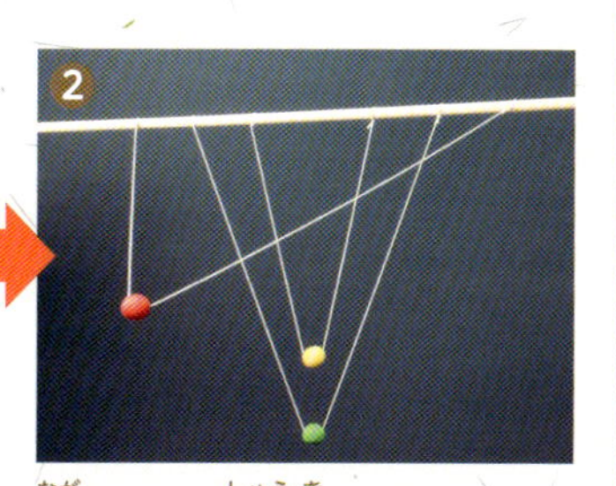


長さによって周期がちがうため、1つのふりこだけがゆれるよ！

# 狐に化かされた!?
# 色や形が変わる実験

これは妖狐さんの
ふしぎで作ったの？
きれいだな～
そうよ！
でもアタシの変化の術
にはかなわないかもね
妖狐でーす
ドロン
狐が女の人に
なっちゃった！
もっと見たいな～
作ってみせてよ！
アタシのふしぎに
すっかり
ハマってるわね

そこまで言うなら
いいでしょう！
これから
美しいふしぎを
見せてあげる
もー！
しっかり
して
やったね
VS
妖狐

術にかかって
なくないか？
ふつうに感動
しておるの

## 色や形が変わる実験 1

むずかしさ　ふしぎ

30分

# 液体にドライアイスを入れて一瞬で色を変えよう！

もくもくとけむりに包まれた液体に注目！
妖狐がいたずらして、色を変えちゃったみたい。
どんなしくみなのかいっしょに調べてみよう！

## 用意するもの

① 水（コップ6分目ていど）
② 紫いもの粉（小さじ1/4）
③ プラスチックのコップ 1こ
④ マドラー 1本
⑤ ドライアイス 1かけら
⑥ 軍手 1そう
⑦ スポイト 1本
⑧ 虫さされ薬（アンモニア水が入っているもの6～8滴）

③

⑥

⑤ ⑦ ⑧

## 注意

**ドライアイスはぜったいに手でさわらないで！**

ドライアイスは－78.5℃と極めて低温です。素手でさわると、指にくっついたり、ひふが急に冷たくなって凍りついたりします。必ず軍手をして実験しましょう。

# ふしぎをでんじゅ

## その1 小さじ1/4ほどの紫いもの粉を水に溶かす

コップ6分目くらいまでの水に紫いもの粉を溶かします。

## その2 虫さされ薬（6～8滴分）をスポイトでたらす

スポイトで虫さされ薬をすい、コップに1滴ずつたらします。

## その3 ひとかけらのドライアイスを入れると……?

軍手をしてドライアイスをゆっくりとコップに入れてみましょう。

## できた!

# ふしぎをかいめい

## ふしぎ　なぜ液体の色が変わったの？

コンコン！　液体の色がどんどん変わったでしょ？　何でも知っている姉弟ってウワサを聞いたわよ。このしくみも説明できるかしら？

も……もちろん説明できるよ！　ねぇ、姉ちゃん？

妖怪たちのあいだで、そんなウワサが!?
これはね、アルカリ性と酸性が関係しているの！

パッと説明できるなんてさすがね！

## 答え　紫いもの色素がアルカリ性や酸性に反応して変化するから

紫いもは「アントシアニン」という色素を持つよ。この色素は、酸性、中性、アルカリ性の性質ごとに色が変わるという特徴があるよ。虫さされ薬を入れると濃い青色になったよね。これはアルカリ性の虫さされ薬に色素が反応したからなんだ。そして、ドライアイスは二酸化炭素が固体になったもので、水に溶けると酸性になるんだよ。ドライアイスを弱アルカリ性の液体に入れたら赤紫色になったのは、液体が弱酸性になったからだね。

### もっと知りたい！　さらに色を変えてみよう！

**用意するもの**　実験で赤紫色になった液体／酢（小さじ4杯）

❶ 実験で使った赤紫色になった液体に酢を入れましょう。
❷ 色がどんどん赤色に変化します。

❶ 液体に酢を入れて、よくかきまぜてね。

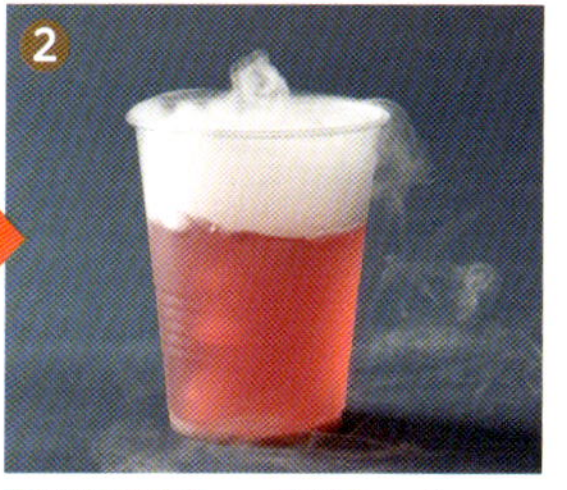

❷ 赤紫色から赤色に変わった！

色や形が変わる実験 2
むずかしさ
ふしぎ
15分
きれいでしょ? どうやって作るか わかる?
いじわるしないで 教えて!
紙が水で ぬれているよ! 何でだろう?
64

# ペンに水をつけてみて色をぶんりさせよう！

妖狐がコーヒーフィルターについた色をぶんりさせたよ！
今回もリンが何かに気づいたみたい。
どんなヒミツがかくされているのかな？

## 用意するもの

① 水（フィルターの先が少しつかるくらい）
② 無色とうめいのコップ 1こ
③ 白のコーヒーフィルター 1まい
④ 水性ペン（好きな色）
⑤ はさみ 1こ

①

②

③ ④ ⑤

ワンポイント

**コーヒーフィルターをつける水の量に注目しよう！**

水の量はコーヒーフィルターの先がしっかりつかり、ペンで色をつけたところまでつかないくらいにしましょう。多すぎても少なすぎても成功しません。

# ふしぎをでんじゅ

## コーヒーフィルターにペンで線を引く

## フィルターの先を水につける

フィルターの中心より下に好きな色のペンで線を引きます。

コップの2分目くらいまで水を入れ、フィルターの先をつけます。

## フィルターを開くと……？

色が広がったらフィルターのつなぎ目をはさみで切って開きましょう。

# ふしぎをかいめい

## ふしぎ なぜ色が分かれたの？

色合いがすごくステキね！　どう？　ふたりともビックリした〜？

オレンジ色のペンを使ったのに、ピンクと黄色が出てきた！
ぼくも別のペンを使って、同じ作品を作れる？

ペンのインクは色がいくつか合わさってできているから、
ペンがちがうと、同じ結果は出ないのよ

そうなんだ。でも、どうしてもようみたいに広がったんだろう？
姉ちゃん、どんなしくみか教えてよ〜！

## 答え インクにふくまれる色のつぶが移動したから

水性ペンのインクは1色に見えるけど、実は数種類の色のインクを組み合わせて色を作っていることが多いよ。フィルターからすい上げた水が上に移動すると、水によく溶ける色のインクが遠くまで動くよ。水に溶けづらい色のインクはフィルターになじみ、あまり動かないんだ。このしくみは、クロマトグラフィーというんだ。

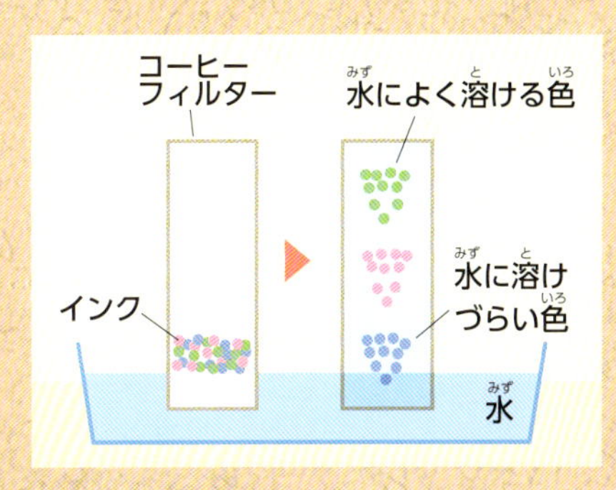


もっと知りたい！

### 油性ペンの色も分けてみよう！

**用意するもの** 油性ペン（好きな色）／エタノール（フィルターの先がつくくらい）／白いコーヒーフィルター 1まい／無色とうめいのコップ 1こ

❶ フィルターに油性ペンで色をつけ、エタノールにつけます。※部屋を換気して実験しましょう。

❷ 油性ペンの色が分かれていきます。観察してみましょう。

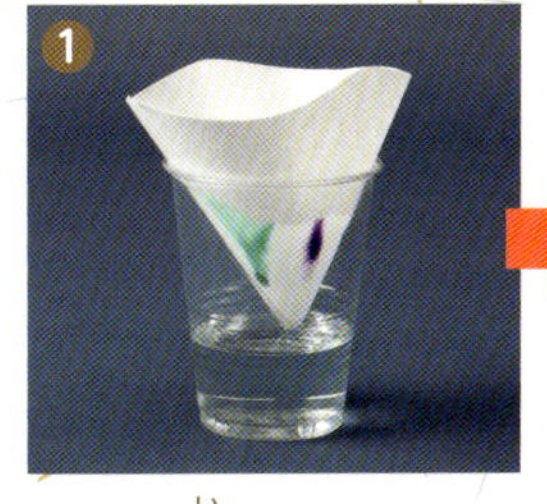

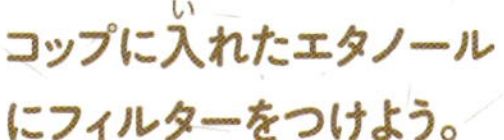

① コップに入れたエタノールにフィルターをつけよう。

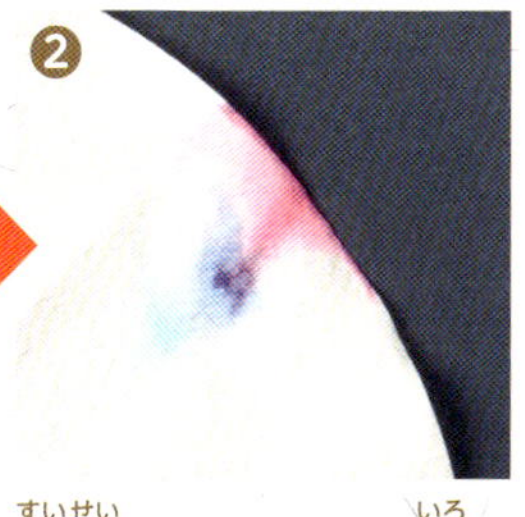

② 水性ペンとはちがう色の広がりかたをしたね！

# 色や形が変わる実験 3

むずかしさ
ふしぎ
20分

# 紙をアイロンで熱して絵を浮かべよう！

妖狐が筆に果汁をつけて何か描いているね。
紙を熱したら、狐の絵が浮かび上がってきたよ！
果汁を紙につけただけでは見えないのに、どうしてだろう？

**用意するもの**

① レモン果汁（少し）
② コップ 1こ
③ 筆 1本
④ 白い紙 1まい
⑤ アイロン 1台
⑥ アイロン台 1こ
⑦ 新聞紙 1まい

**注意**

**アイロンを使うときはやけどに気をつけて！**

アイロンは高温になります。うっかりふれるとやけどにつながるため、保護者の人といっしょに気をつけて取りあつかい、しっかり冷ましてから片づけましょう。

# ふしぎをでんじゅ

## その1 レモン果汁で文字を書く

筆にレモン果汁をつけて紙に絵や文字を描きます。

つるつるしている紙は避けて画用紙などがいいんだね

## その2 レモン果汁をしっかりかわかす

レモン果汁がかわくまで新聞紙の上で紙をかわかします。

## その3 紙にアイロンをあてると……？

紙に高温にしたアイロンを10秒ほどあてながら横にすべらせていきます。

何か浮かんできたわ！アイロンはごしごしこすらないでね！

できた！

アイロンは冷めてから水ぶきしましょうね！

# ふしぎをかいめい

## なぜ絵が浮かび上がったの？

レモン果汁で描いたものは、かわくと消えちゃうのに、アイロンをあてると浮かぶなんて、すごい妖術でしょ？

ふっふっふ。これはね、レモン果汁にふくまれるある成分が大事なポイントなのよ！

もう妖術だなんてだまされないぞ！　ところである成分ってなに？

ぜんぜんビックリさせられないわ……。くやしい〜！

## 答え　レモン果汁の酸が紙をこげやすくしたから

紙はもともと少し水分をふくんでいるので、熱してもすぐにはこげないよ。けれど紙が酸とふれ合うと、水分を保ちづらくなるんだ。だから酸性のレモン果汁をぬったところの紙がアイロンの熱でこげ、絵が茶色く浮かび上がって見えたんだ。また、レモン果汁にふくまれるものが熱でこげて色がつくこともあるよ。

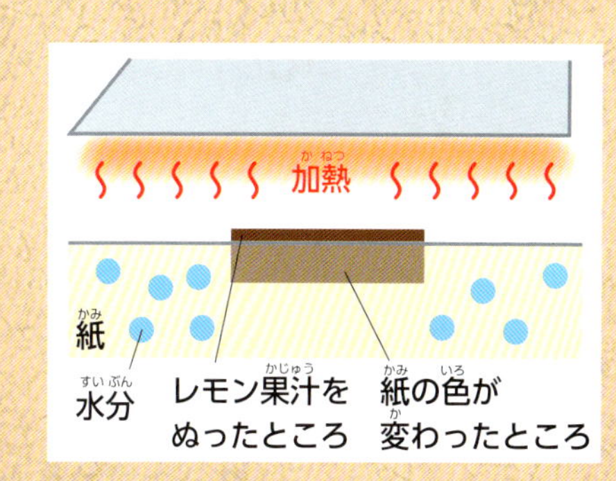


もっと知りたい！

### レモン果汁以外の飲みものでためしてみよう！

**用意するもの**　リンゴジュース／水（コップ2分目くらい）／筆／コップ 2こ／紙 2まい

❶ 水で文字を書いたり絵を描いたりして、アイロンで温めます。

❷ リンゴジュースでも試してみましょう。

水で描いた文字は浮かび上がってこないよ。

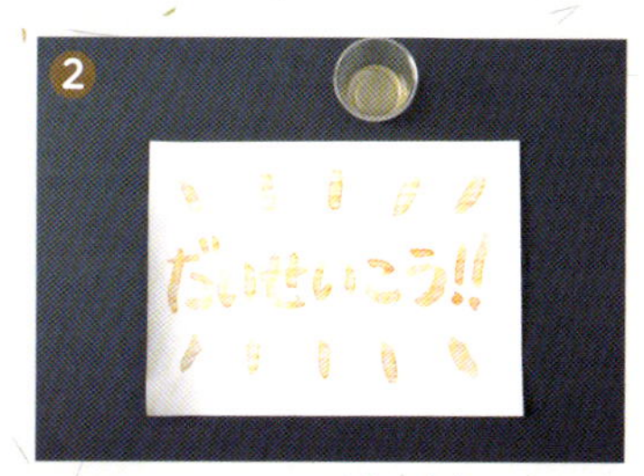


リンゴジュースの中の糖がこげて文字が見えるようになったね。

色や形が変わる実験 4
むずかしさ
ふしぎ
1時間
もようがおしゃれ♪
やべ、
こわれちゃった……
アタシのコレクション
をきずつけたわね！
ごめんなさい！
新しく作ってみましょう

# 葉っぱをこすってみて葉脈だけを取り出そう！

妖狐が大切にしていた葉脈コレクションをケイがこわしちゃった！
新しく作っておかえししてあげよう。
葉っぱをどうやって葉脈だけに変身させるのかな？

**用意するもの**

① 水（300ミリリットル）
② 葉っぱ（ナンテンなど）
　5～6まい
③ 重曹（大さじ2杯）
④ なべ 1こ
⑤ 皿 1まい
⑥ 歯ブラシ 1本
⑦ 新聞紙 1まい
⑧ さいばし 1組

**注意**

**歯ブラシのかたさはやわらかめにしよう！**

葉脈はとてもデリケート。とくにゆでた葉っぱはやぶれやすいので、強い力をかけてかき出さないようにしましょう。歯ブラシはやわらかめがおすすめです。

# ふしぎをでんじゅ

## その1 重曹を入れたお湯で葉っぱを30分ゆでる

なべに水と重曹を入れて火にかけふっとうしたら葉っぱを弱火～中火でゆでます。

## その2 歯ブラシで葉肉をかき出す

水を入れた皿の上で、葉っぱを歯ブラシでたたいて葉肉をかき出しましょう。

## その3 葉っぱの裏面をぺりぺりとめくる

うすい皮の部分をはがしたら新聞紙にはさみ水気をとります。

## できた!

# ふしぎをかいめい

## ふしぎ　なぜ葉脈だけ取り出せたの？

さっきはこわしちゃってごめんね！
それにしても葉脈ってこんなに細かいんだね

きれいに作ってくれたから許してあげる。
葉脈は食紅などで、色をつけてもかわいいわよ

ところで生の葉っぱはどうして大きな葉脈しか見えないんだろう？

生の葉っぱには、葉肉があるからね。
葉肉を溶かすことができれば、葉脈だけ残すことができるの！

## 答え　重曹が葉肉だけを溶かすから

葉肉のおもな成分はたんぱく質でアルカリ性の液体に溶けやすいよ。重曹は水に溶けると弱アルカリ性になるので、葉肉を溶かすんだ。葉脈は水や養分を運んだり、光があたるように葉っぱをささえるなど大切な役割があるため、アルカリ性でも溶けないかたいせんいでできている。だから葉肉だけが溶けて葉脈はきれいに残ったんだ。

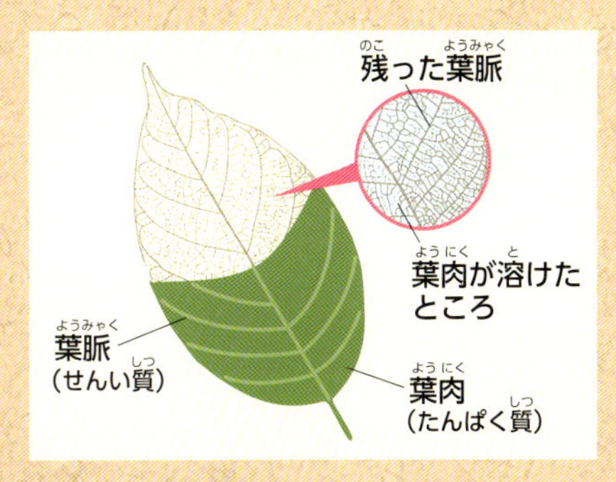


もっと知りたい！

### 取り出した葉脈を保存しよう！

**用意するもの**　実験でできた葉脈／てばりラミネートフィルム（めいしサイズ）

❶ ラミネートフィルムをはがし葉脈をセットします。
❷ フィルムのはしからシートを重ねましょう。

フィルムをていねいにはがして葉脈をのせよう。

きほうが残らないように指でフィルムおさえてね。

色や形が変わる実験 5
むずかしさ
ふしぎ
12時間
がんばったごほうびに カラフルな 花をあげるわ
わーい！あれ、花のにおいがしないよ？
だまされないで！これはほんものの花じゃないわ

# あやしい液体をつけて紙に花を咲かそう！

妖狐がカラフルな花をくれたよ。
でも、かおりもないし、なんだかふしぎな形をしているね？
どんなしくみで咲くかさぐってみよう！

## 用意するもの

① **尿素**（小さじ6杯ていど）
② **お湯**（小さじ6杯ていど）
③ **洗濯のり**（小さじ1/2杯ていど）
※成分表示にPVA：ポリビニルアルコールと書いてあるもの
④ **アイスカップ 1こ**
⑤ **はさみ 1こ**
⑥ **キッチンペーパー 1～2まい**
⑦ **ステープラー 1こ**
⑧ **水性ペン 4～5色**
⑨ **小皿 1まい**
⑩ **トイレットペーパーのしん 1こ**

①

②
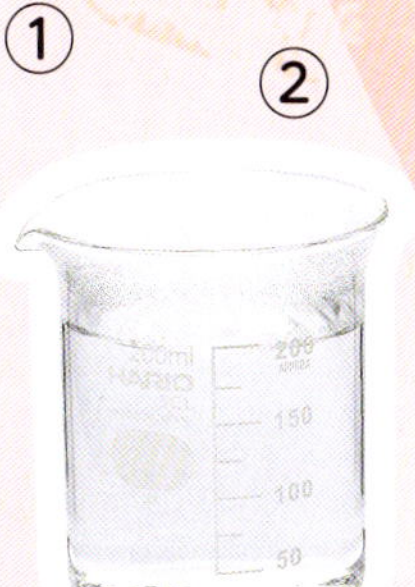

③

④

⑤ ⑥ ⑦ ⑧

⑨ ⑩

### ワンポイント キッチンペーパーの量に注目！

巻きつけるキッチンペーパーの量で実験の結果が変わります。大きな花を作りたければ、キッチンペーパーを3周以上しんに巻くといいでしょう。

# ふしぎをでんじゅ

## その1 トイレットペーパーのしんにキッチンペーパーを巻く

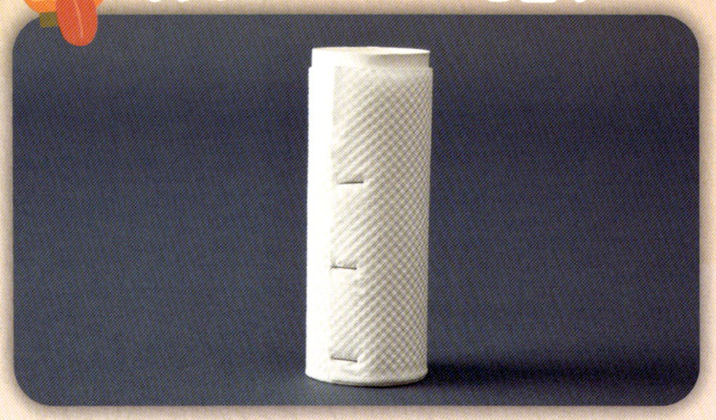

しんにキッチンペーパーを2周以上巻きステープラーで3か所とめます。

## その2 しんの上2㎝をはさみで切る

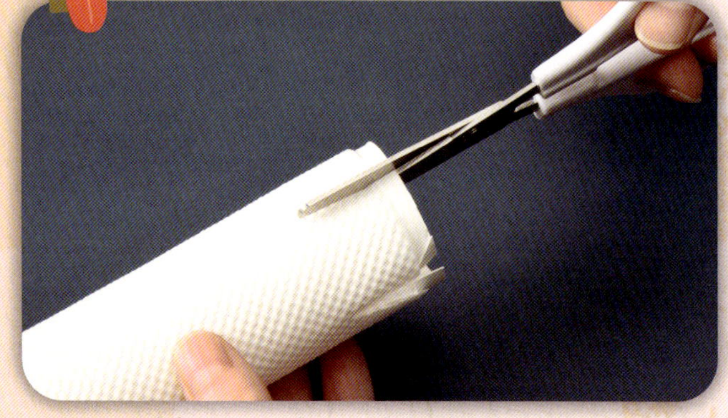

しんの上に5か所、等間隔の切れ目を入れましょう。

## その3 キッチンペーパーにペンで色をつける

水性ペンで色をつけ、切った部分を内側におります。

## その4 アイスカップに尿素、お湯、洗濯のりを入れる

尿素とお湯をまぜて溶かしさらに洗濯のりをまぜます。

## その5 しんをカップに入れてしばらく待つと……？

キッチンペーパーをカップに入れ、皿にのせて半日待ちましょう。

できた！

# ふしぎをかいめい

## 尿素の花が咲いたのはなぜ？

すごいじゃない！　これであなたも妖術マスターね

ううん、この花は尿素でできたからぜったい妖術じゃないよ

そろそろいろいろなことが実験でかいめいできるって分かってきた？

うん！　ふしぎなことのウラにはしくみがあるんだね。実験っておもしろいかも。もっとくわしく知りたいな！

答え

## 尿素の水分が蒸発したから

アイスカップの中の液体は、時間をかけてキッチンペーパーにすい上げられたよ。その際に液体の水分が蒸発したため、溶けきれなくなった尿素が固体になって姿をあらわしたんだ。この固体を結晶といい、尿素の結晶は枝をたくさん集めたような形になるよ。湿度が低い晴れた日にやってみると、花のようなきれいな結晶がたくさんできるよ。

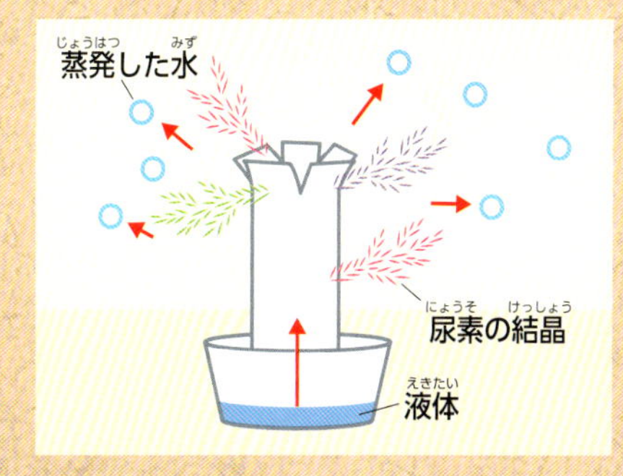


もっと知りたい！

### 塩の結晶を作ってみよう！

**用意するもの** 水（200ミリリットル）／エタノール（30ミリリットル）／塩（50グラム）／ガラスのコップ

❶ コップに水と塩を入れてまぜ合わせます。
❷ 上からゆっくりエタノールを入れてみましょう。

水がとうめいになるまでおいておこう。

上から塩がかたまりでふってきた！

色や形が変わる実験 6
むずかしさ
ふしぎ
1週間
アタシのキラキラのあめ、味見してみる？
ありがとう！せっかくだし自分で作ってみたいな
ふふ、ちょっと成長したね

# 砂糖水につけておいて キラキラのあめを作ろう！

ふつうのあめとキラキラかがやくあめがあるよ！
妖狐はあめについたキラキラを作れるみたい
やる気になったケイといっしょに作ってみよう！

## 用意するもの

① グラニュー糖（420グラム）
② 水（160ミリリットル）
③ 粉末ジュース 3種類（好きな味のもの）
④ 棒つきキャンディー 3本（好きな味のもの）
⑤ なべ 1こ
⑥ ゴムべら 1本
⑦ 耐熱容器 2こ
⑧ 耐熱性のグラス 3こ
⑨ 計量スプーン（大さじ・小さじ）
⑩ バット 1こ
⑪ クッキングシート 1まい
⑫ ラップ 1こ
⑬ 洗濯ばさみ（大きめ）2こ

©DAISO

ワンポイント

### まわりの温度の変化を小さくしよう！

あめは時間をかけて冷ますことが大切。室内の温度はなるべく一定に保ち、もし用意できれば、あめを発泡スチロールのケースに入れフタをして変化を待ちましょう。

# ふしぎをでんじゅ

## その1 粉末ジュースと水をグラスに入れる

耐熱性のグラスに、粉末ジュースの粉と水を小さじ1杯ずつ入れます。

## その2 なべにグラニュー糖と水を入れて中火でにる

液体がとうめいになったら火を止め、耐熱容器に大さじ1と1/2を取り分けよう!

水160ミリリットルに砂糖420グラムを溶かし1分にます。

## その3 1のグラスに2の糖液を入れてまぜる

各グラスに2の糖液を同じくらいずつ入れてまぜ、冷まします。

## その4 あめに2の糖液をつけ、砂糖をまぶし、かわかす

2の糖液はつけすぎ注意!

残った2の糖液をあめにつけ、まんべんなく砂糖をまぶします。

キッチンペーパーにのせて1時間以上かわかしましょう♪

## その5 あめを固定して3のグラスに1週間つけると……?

ごみが入らないようラップをかけよう!

かわいたら洗濯ばさみではさみ3のジュースにつけましょう。

できた!

# ふしぎをかいめい

## なぜ砂糖の結晶がついたの？

あまくておいしいだけじゃない！　オシャレなあめの完成よ♪　ぺろぺろ

ちょっとむずかしかったけどぼくにもできたよ！
ところでまわりの結晶はどうやってついたの？

ひとりでよくできたね。これはジュースに溶けた砂糖がかたまってできたのよ

そうなんだ。結晶を観察するのがおもしろかった！
残ったジュースはかき氷シロップにしちゃお

## 答え　溶けきれなくなった砂糖が集まって結びついたから

水に溶けるものの量は、水の量や温度によって変わるんだ。同じ量の水とお湯をくらべると、お湯のほうがたくさんの砂糖を溶かすことができるよ。実験では❷の糖液の温度が下がったので砂糖を溶かせる量がへり、溶けきれなくなった砂糖が結晶としてあらわれたんだ。そうしてキャンディーのまわりには、立方体の結晶がついたんだね。

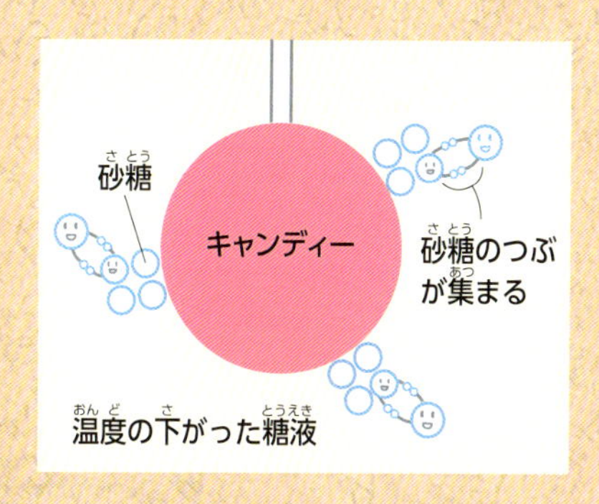


もっと知りたい！

### 棒つきキャンディーを使わずにキラキラのあめを作ろう！

**用意するもの**　プラスチックのスティック／❷の糖液／❸のジュース／ラップ／洗濯ばさみ 2こ

❶ 基本の実験と同じ手順でスティックに糖液と砂糖をかけ、ジュースに入れておくよ。
❷ 1週間以上待ってスティックを取り出して乾燥させよう。

ラップで包み1週間以上待つよ。

砂糖のつぶがくっついて結晶になった！

4章

# 作って遊べる!? 工作の実験

そのつもりで
作ったんだけどうまく
音がしないの……
ざしきわらしちゃんが
かわいそうだよ。アタシ
助けに行ってくる
うわぁ〜ん
妖狐姉
まてまて
じゃあ
いっしょに
作ってみようよ！

妖怪のみんなに
ふしぎを
見せてもらって
ゲーム以外に
おもしろいものが
あるんだなって
わくわくしちゃった
ほんと!?
じゃあいっしょに
作ってくれる？
わたしうれしい！
そのかわり
ぼくたちをもっと
びっくりさせてね！
&
ざしきわらし

工作の実験 1
むずかしさ
ふしぎ
10分
簡単そうだけど
奥が深いね！
ぴぃ〜♪
ふたりともなんで
吹けるの!? くやしい！
ひゅ〜……
吹くのに
コツがいるのよ！
ぴぃ〜♪

# ストローで笛を作って きれいな音色をかなでよう！

ケイとリンのまねをして、ストローに息を吹きかけよう。
どんな音色が聞こえてきたかな？　ストローの笛を作って
吹いてみると、演奏家みたいな気分になれちゃうかも♪

**用意するもの**

① **タピオカストロー**（なければ細いストローでもOK）**1本**
② **はさみ 1こ**
③ **ビニールテープ 1こ**

**ワンポイント**

**「フ」の口で鼻の下をのばし、おもいきり息を吹こう**

下くちびるに、少し上くちびるをかぶせるようにして、下向きにいきおいよく息を吹きかけます。ストローを持ったとき、自分から見て外側のふちに当てるイメージです。

# ふしぎをでんじゅ

## その1 ストローの片側の口にテープをはる

ストローの口より少し大きく切った
テープをはって口をふさぎます。

## その2 空気がもれないように テープをしっかりとめる

ふちにすきまができないように
しっかりテープをとめていきます。

## その3 音程に合わせて ストローを切ると……

約16㎝の長さに切ると
「ド」の音の笛になります。

切り口が
とがっていたら
紙やすりで整えよう

# ふしぎをかいめい

## なぜストローから音が出たの？

いっしょにやってみたらうまくいったね！
吹くときの口の形が大事なんだよ。フーッて吹いてみよう！

そっか、吹き方に大事なヒミツがあるんだね。
でも、どうして同じストローなのに音がちがうんだろう？

「空気の振動」が大事なポイントなのよ！
オーケストラの管楽器も、同じしくみで音が鳴るの♪

## 答え　空気の振動がストローの中に伝わったから

息がストローのふちに当たると空気がはげしくゆれるよ。この振動がストローの中の空気に伝わり、大きな音として耳に届くんだ。「共鳴」という現象だよ。また、1秒間に起きる振動の数は「周波数」で表すよ。周波数が大きいと、高い音、小さいと低い音に聞こえるよ。ストローが短いと、ストローの中に伝わる振動の周波数は大きくなり、長いと小さくなる。だからストローの長さによって音の高さが変わるよ。

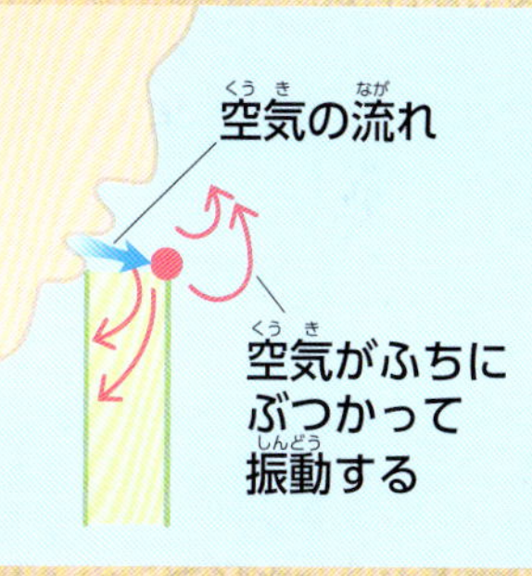


### もっと知りたい！

## 音程のちがう笛を作ろう！

ストローをさまざまな長さに切って、ビニールテープでつなげましょう。「ド」は約16cm、「レ」は約14cm、「ミ」は約12.5cm、「ファ」は約12cm、「ソ」は約10.4cm、「ラ」は約9.3cm、「シ」は約8.5cm、「高いド」は約7.8cmの長さに調節してみてください。

**用意するもの**　タピオカストロー 8本／ビニールテープ 1こ／はさみ 1こ

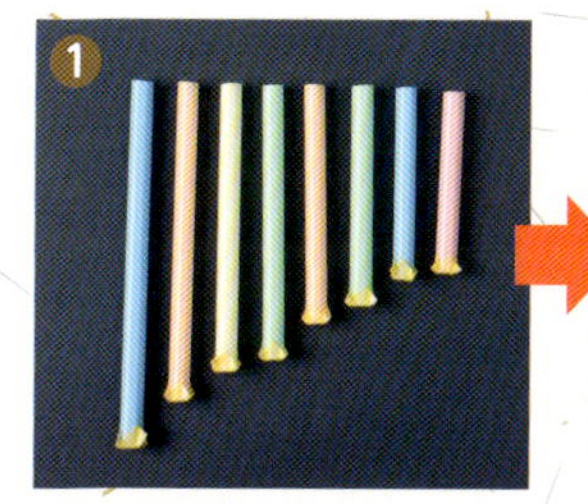


左の説明にそって、ストローを切ってね。

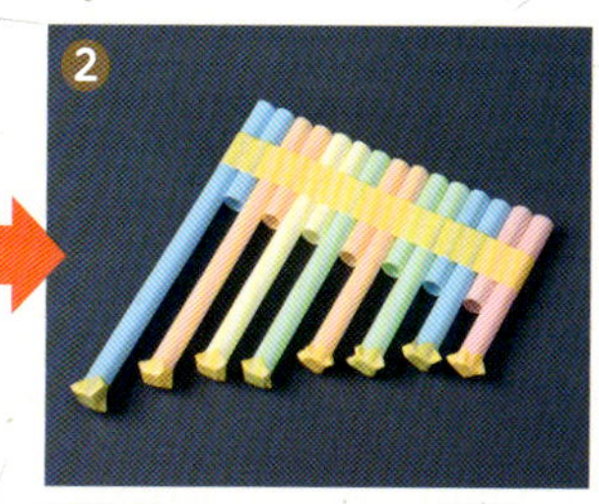


短く切ったストローを間にはさみ、テープでとめて吹こう。

# 工作の実験 2

むずかしさ

ふしぎ

30分

すごい！
魚が泳いでる！

魚によって
浮きしずみのスピード
がちがっているよ？

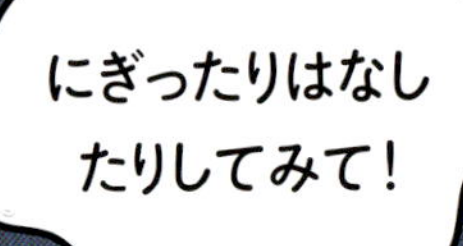

# ペットボトルの中をすいすい泳ぐ!?
# 魚のかざりを動かしてみよう!

ペットボトルを指で押しただけで、魚のかざりがしずんだよ。
ざしきわらしはどんな妖術をかけたのかな?
水の中を上下に泳ぐ、ふしぎな魚に注目してみよう!

**用意するもの**

① **ペットボトル**(500ミリリットル)**1本**
② **ふくろナット**(M5サイズ)**1〜3こ**
③ **たれビン 1〜3こ**
④ **プッシュピン 1こ**
⑤ **コップ 1こ**
⑥ **水**(500ミリリットル)

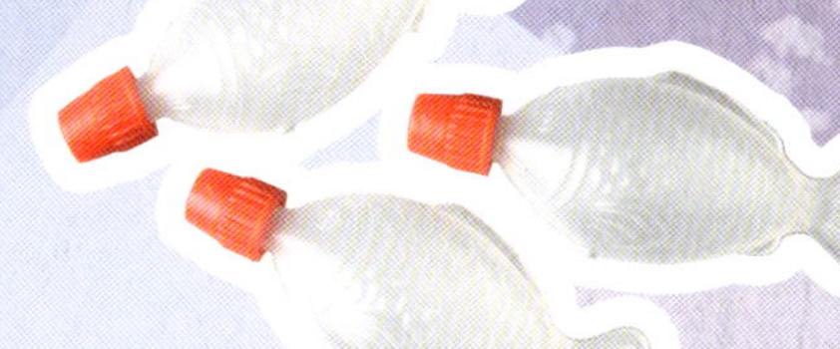
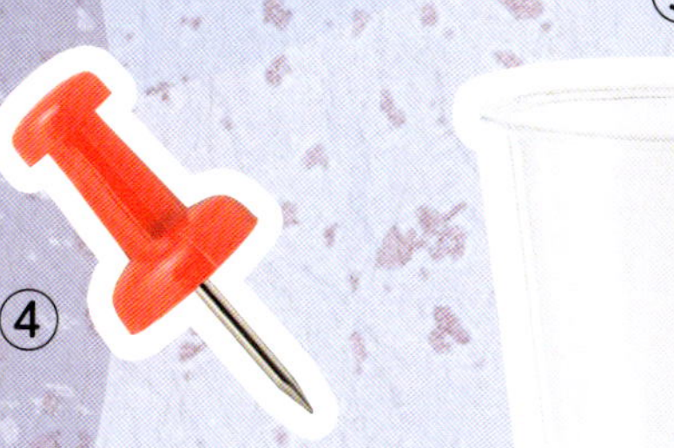

**ワンポイント**

**ペットボトルの水は、あふれるギリギリまで入れて**

ペットボトルにたっぷりと水を入れることで、より少ない力でたれビンを動かすことができます。たれビンを入れて水をふちのギリギリくらいまで満たしましょう。

# ふしぎをでんじゅ

## その1 ピンであなをあけ ナットを取りつける

たれビンにナットをつけて
1か所あなをあけます。

## その2 1のたれビンに 水を吸わせる

水を入れたコップに1を入れて
たれビンの半分くらいまで水を
すわせます。

## その3 ペットボトルに2を入れて 力を加えてみると……？

キャップをして指でペットボトルの
真ん中をぎゅっと押してみましょう。

## できた！

# ふしぎをかいめい

## なぜたれビンが浮きしずみしたのかな？

お魚がゆうがに泳いでるところ、見えたでしょ？

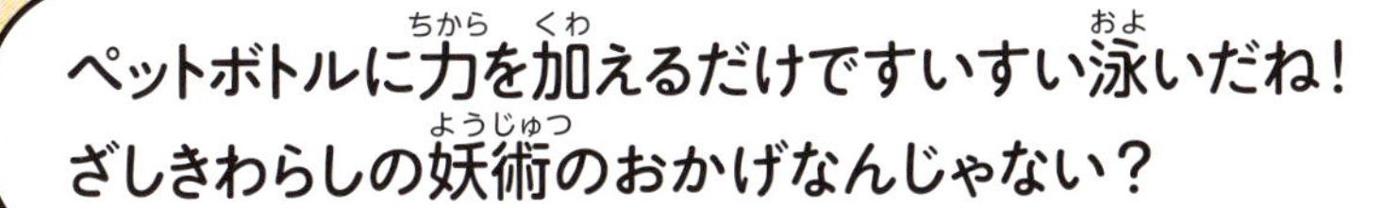

残念だけど、これはざしきわらしのパワーじゃないわ。
たれビンの浮く力が変化するからなの！

このふしぎもかいめいされちゃった。さすがだね！

## 答え　たれビンの中の空気が小さくなったり大きくなったりするから

浮く力（浮力）は水中にあるものの体積の大きさで変わるんだ。ペットボトルに力を加えると、たれビンの中の空気が圧力を受けて小さくなる。するとたれビンにはたらく浮力が小さくなってしずんだんだ。そして、ペットボトルから手をはなすとたれビンが浮かんだよね？　中の水が出て空気が大きくなり、浮力も大きくなるからなんだ。

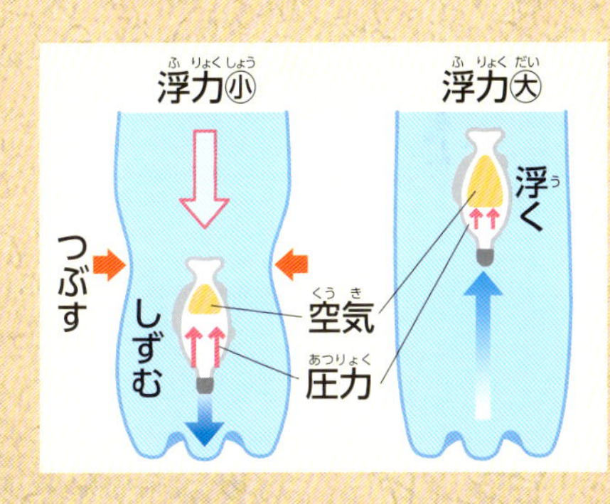


もっと知りたい！

### 魚のかざりにワイヤーをつけてつりをしてみよう！

**用意するもの**　実験のペットボトル　1本／ラジオペンチ　1こ／アルミワイヤー　1本／ヘアゴム　10こくらい（シリコン素材の細いもの）

❶ ラジオペンチでアルミワイヤーを10cmていどに切って、輪を作ります。❷ 実験で使ったたれビンの先に巻きつけます。❸ ペットボトルの底にヘアゴムをしずめてつり上げてみましょう。

1 ワイヤーの先をねじって輪を作ろう。

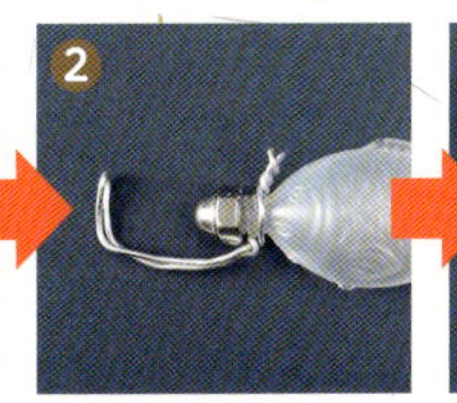

2 基本実験で使ったたれビンに巻きつけよう。

3 ペットボトルを押してたれビンをしずめ、ゴムをキャッチ！

# 工作の実験 3

むずかしさ ふしぎ

15分

見て見て！
フ〜ッ！

すごい！
遠くまで飛んだね！

誰がいちばん
飛ばせるか
勝負だ！

# ストローを吹いて
# 画用紙の妖怪を飛ばそう！

ざしきわらしが、曲がるストローに息を吹きかけて
画用紙に描いた妖怪をビュンと飛ばしたみたい！
ざしきわらしより、もっと遠くに飛ばしちゃおう！

**用意するもの**

① 曲がるストロー 1本
（直径6㎜）

② 細いストロー 1本
（直径4.5㎜）

③ はさみ 1こ

④ セロハンテープ 1こ

⑤ 画用紙 1まい

⑥ ペン（好きな色）

①

②

③

**注意**

**人や動物、こわれるものに向けて飛ばさないで！**

画用紙は、目に入るととても危険です。人や動物などに向けて画用紙を飛ばさないように気をつけましょう。

# ふしぎをでんじゅ

## その1 画用紙を3cm角に切って絵を描く

画用紙をはさみで切って好きな妖怪を描きます。

## その2 曲がるストローの下側を2cmほど切って発射台を作る

曲がるストローの下から2cmほどを切り2つに分けます。



## その3 細いストローの先を曲げ2の短いパーツをかぶせる

細いストローの先を2cmほど曲げたところに2で作った短い部品をかぶせます。

## その4 セロハンテープを輪にして1の絵と3の部品をはる

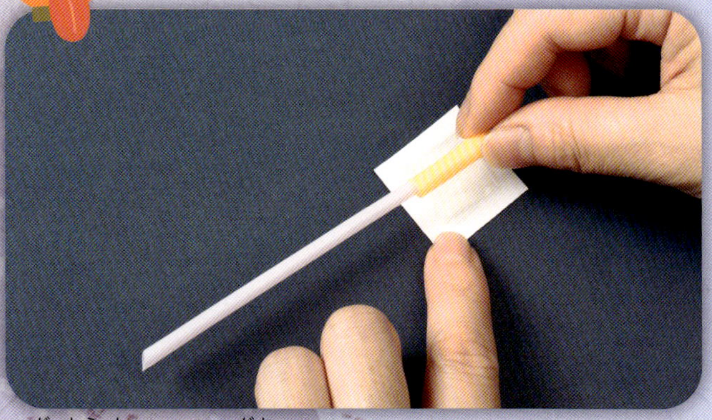

画用紙のうら側にセロハンテープをつけ③の短いパーツをかぶせた部分にはりつけます。

## その5 発射台に4をさしこみ息を吹くと……?

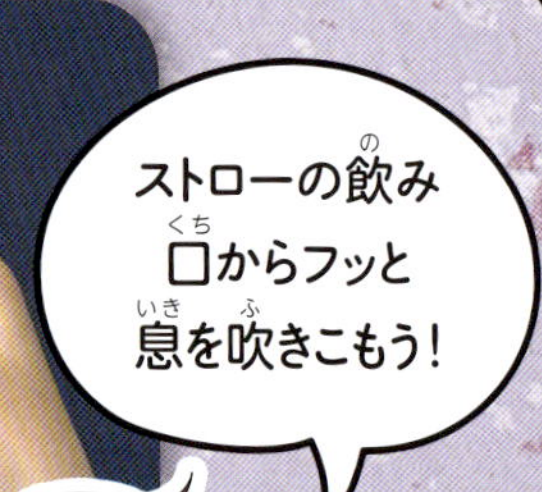


2で作った発射台の長いほうに4をセットし、飲み口から吹きます。

できた!

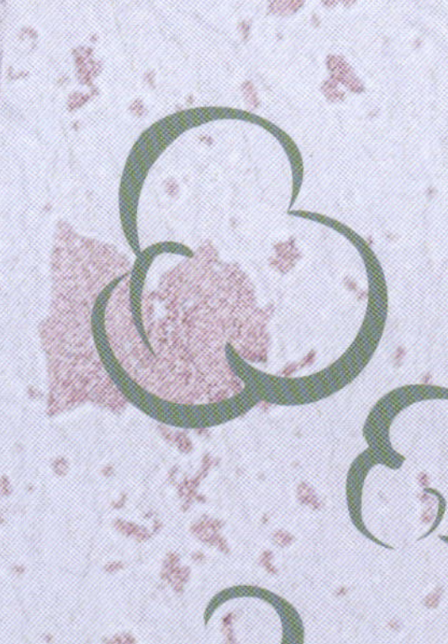

# ふしぎをかいめい

## なぜ妖怪がいきおいよく飛んだの？

わたしの描いた妖怪が元気に飛んで楽しいな。
わたし、いつも家の中でひとりだから、たいくつなの。

妖怪にも悩みがたくさんあるんだね。今日は3人で遊ぼう！
次は、もっと遠くまで飛ばすぞ〜！　ねぇ、いいでしょ？

妖怪と友だちになるのも悪くなさそうね。いい子だし……

うれしい！　でも、どうしてこの妖怪は速く飛ぶの？
わたしもまねしたら同じように飛べるのかな？

## 答え　細いストローに力が加わり加速するから

物体は一方向に力を受けると加速するよ。発射台（曲がるストローの飲み口）に息を吹きこむと、妖怪をつけた細いストローは、空気に押され外に向かってまっすぐ動く。細いストローは発射台の中で力を受け続けているあいだ加速するのでいきおいよく飛んでいくよ。吹き矢や大砲の筒（砲身）も、長いほどいきおいよく飛ぶよ。

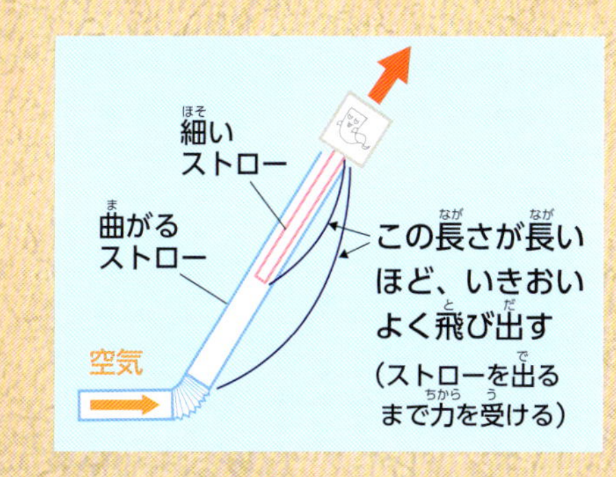


## もっと知りたい！

### ふくろの空気で飛ばそう！

**用意するもの**　6㎜ストロー 1本／タピオカストロー 1本／ファスナーつきのポリぶくろ 1まい／はさみ 1こ／ビニールテープ 1こ／空気入れ 1こ

❶ タピオカストローを半分に切り、片側をビニールテープでとめます。❷ ストロー（6㎜）の先をポリぶくろに入れビニールテープでとめて、空気を入れてふくらませます。❸ ①を②にさしこみ、ふくろをつぶしましょう。

1 ストローの空気の通り道を、テープでしっかりふさごう。

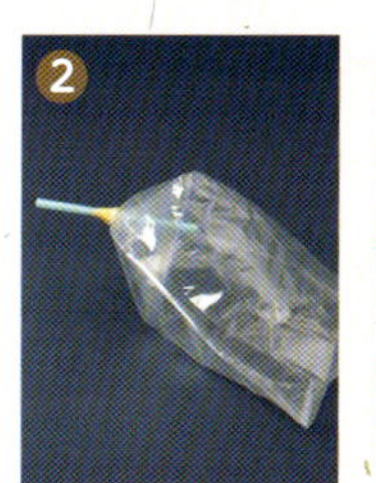

2 空気がもれないようにビニールテープでとめてね。

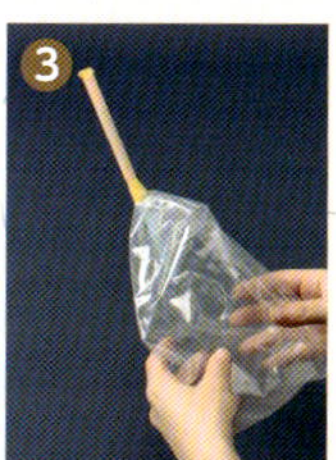

3 空気の力を受けたストローが加速して飛ぶよ！

工作の実験 4
むずかしさ
ふしぎ
15分
もどってきた！楽し〜
わたしはうまくいかないのどうして〜
投げ方にコツがあるようね。いっしょに練習しましょう

# 紙でブーメランを作って自由に飛ばしてみよう！

ケイの投げたブーメランの動きに注目してみて？
くるくる回転しながら、大きなカーブを描いて飛んでいるね。
ケイとリンにコツを教わりながら回転するブーメランを作ってみよう！

**用意するもの**

① 工作用紙 1まい
② ステープラー 1こ
③ じょうぎ 1本
④ 分度器 1こ
⑤ カッターナイフ 1こ
⑥ カッターマット 1まい

①

工作用紙の目の向き

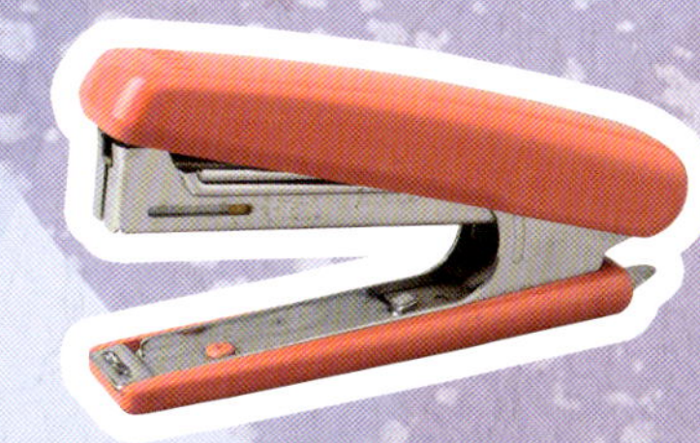

③

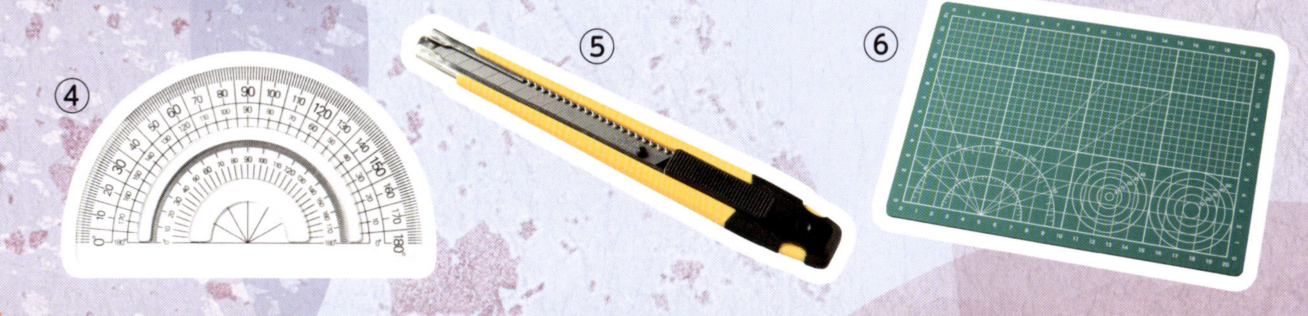

**ワンポイント**

**手首のスナップをきかせて、回転させるイメージで投げてみましょう**

ブーメランを投げるとき、たて方向に回転させると動きが安定します。ブーメランの羽根の先のほうをえんぴつのように持ち、手首をすばやく動かして投げましょう。

# ふしぎをでんじゅ

## その1 工作用紙で細長い長方形の羽根を3つ作る

工作用紙をたて10㎝横1㎝に切り分けます。

## その2 2まいの羽根を120度に組み合わせる

分度器を当てて120度あけて①を2まい重ねます。

## その3 3まい目の羽根を重ねてステープラーで2か所とめる

3まいの羽根が同じ角度になるようにステープラーで固定します。

## その4 羽根の先を少し曲げる

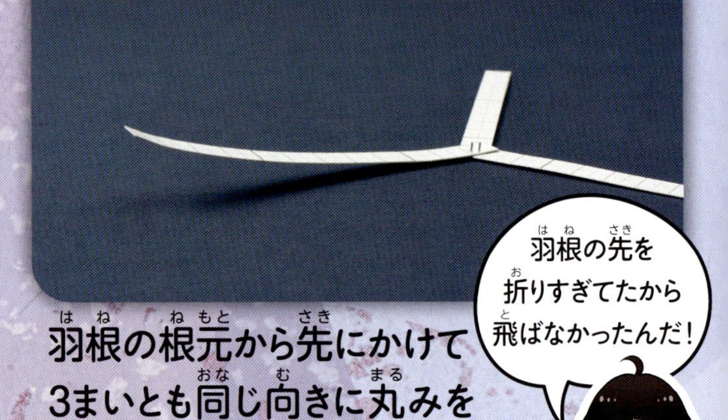


羽根の根元から先にかけて3まいとも同じ向きに丸みをつけます。

## その5 ブーメランを飛ばしてみると……？

ブーメランをたて向きに持ちまっすぐ飛ばしてみましょう。

できた！

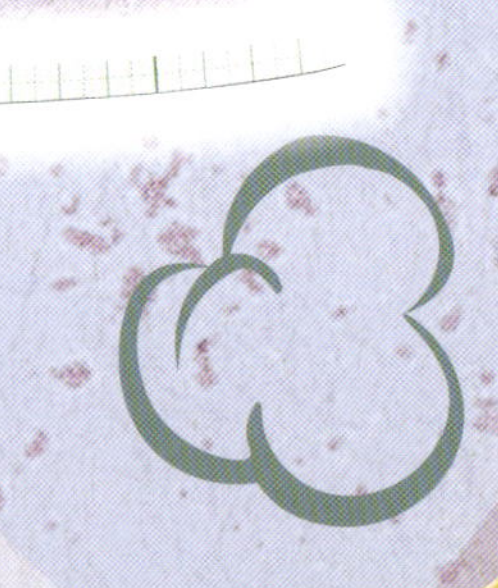

# ふしぎをかいめい

## なぜブーメランはもどってきたの？

まっすぐ飛んでいったはずのブーメランが、こっちにもどってきた。
投げ方のコツ、わかってきたぞ～！

わたしもブーメランがもどってきたよ!!
それにしても、ケイって運動神経ばつぐんなんだね。

ふたりともすごい！　じゃあしくみを調べてみましょう。
ブーメランが飛ぶときにはたらく「揚力」がカギみたいね。

ようりょく？　どんな力なんだろう。空を飛ぶ飛行機にも関係あるのかな？

## 羽根にはたらく「揚力」は上側のほうが大きいから

ブーメランがたてに回転すると、羽根の曲がった部分に空気が当たり、「揚力」がはたらくよ。中心より上側の羽根では「回転の向き」と「進む方向」が同じなので、より大きな揚力がはたらくよ。ブーメランの上下で受ける揚力の差があることで、かたむきが生まれカーブするんだ。飛行機も前に進んで、翼に空気が当たることで揚力がはたらいて飛ぶんだよ。

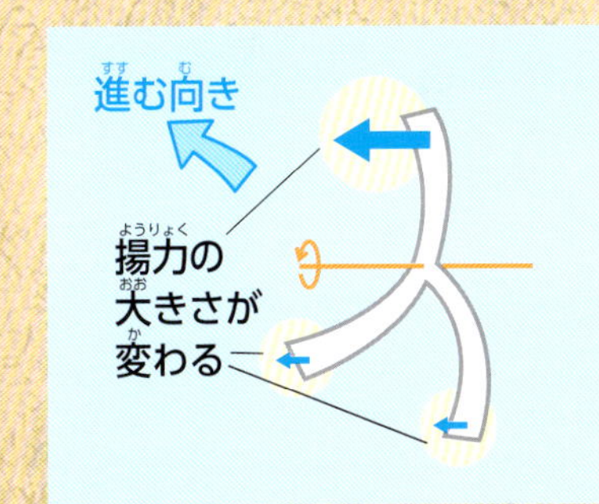


もっと知りたい！

### いろいろな形のブーメランを飛ばそう！

工作用紙を好きな形に切って組み合わせて、いろいろな種類のブーメランを作ってみましょう！　どの形のブーメランがよく飛ぶかな？

**用意するもの**　工作用紙 1まい／ステープラー 1こ／じょうぎ 1本／カッター 1こ／カッターマット 1まい

❶ 持つ場所や投げる向きなどいろいろ工夫して飛ばしてみましょう。

家族や友だちと「マイブーメラン」を持ちよって遊んでも楽しいよ！

# 工作の実験 5

むずかしさ

ふしぎ

1時間

# 浮いたりしずんだり ペットボトルで潜水艦を作ろう！

ペットボトルの潜水艦が、ぶくぶく泡を出して、浮きしずみをくり返しているよ。うまくいってざしきわらしも得意気だね！
水、お湯の中では、どんな力がはたらいているのかな？

## 用意するもの

① ペットボトル 1本（280ミリリットル）
② 発泡入浴剤（約18グラム）
③ 千枚通し 1本
④ ようじ 1本
⑤ ゴムのミニボール（ペットボトルの口より少し大きいサイズ）2こ
⑥ ビー玉 3～4こ
⑦ カッターナイフ 1こ

①

②
③

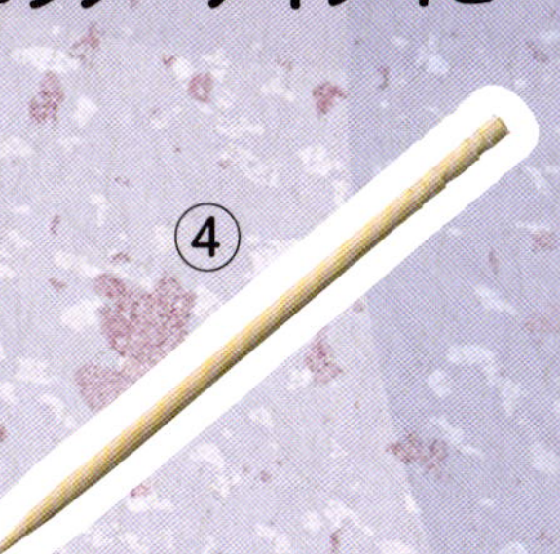
④

⑤
⑥
⑦

ワンポイント

**ペットボトルの重さをビー玉で調整しよう！**

実験中ペットボトルが浮いたままの場合は、ビー玉の数を増やしてみましょう。ペットボトルが底にしずんだままの場合は、ビー玉の数を減らすといいでしょう。

# ふしぎをでんじゅ

## その1 ペットボトルをカッターで2つに切り分ける

カッターを使うときは気をつけて！

ボトルのみぞにそって
上半分を切り落とします。

## その2 1で切った底のわきにあなをあける

むずかしかったらおうちの人にやってもらってね！

小さなあなを20こほど
あけましょう。

## その3 1で切った上の部分にミニボールをとりつける

ミニボールをおうちの人におさえてもらえると安心！

ようじをさしたボールを飲み口にあてて、
内側からもう1つのボールをさします。

## その4 下半分のペットボトルに入浴剤とビー玉を入れる

下半分の縁に2㎝くらいの切り込みを入れるとはめやすいよ！

下半分に入浴剤とビー玉を入
れたら、上半分にはめこみます。

## その5 お湯に4をしずめてみると……？

最初はペットボトルがしずむようにビー玉で重さを調節しよう

たっぷりお湯を入れた湯船に
4をしずめて反応を見ましょう。

## できた！

# ふしぎをかいめい

## ふしぎ なぜペットボトルが浮きしずみしたの？

## 答え ペットボトルの中の水と気体の量によって、重さが変わるから

ペットボトルの中の水は、入浴剤から出た気体に押されて外に出されるよ。中の気体がふえると、潜水艦が軽くなるのでペットボトルが浮くんだ。ペットボトルが水面まで浮き上がると、今までせんをしていたミニボールがはなれ、ペットボトルの中に水が入る。潜水艦は重くなるのでしずむよ。この実験のしくみは、93ページの答えに書いてある浮力でも説明できるよ。

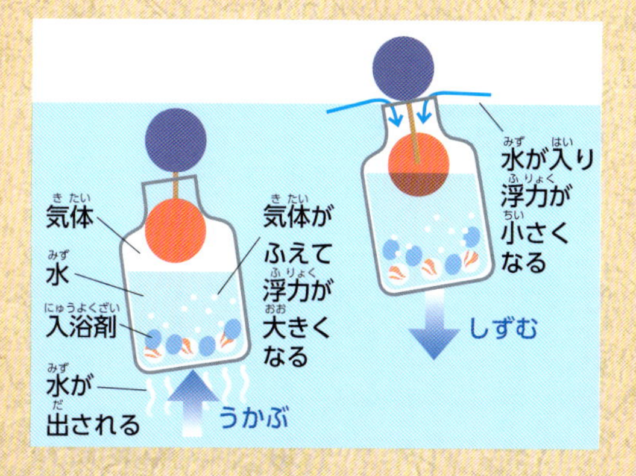


## もっと知りたい！

### 浮くフルーツとしずむフルーツを推理しよう

水そうに水をたっぷりと入れ、いろいろなフルーツを浮かべてみましょう。同じ体積で水とフルーツをくらべたときに、水より重いフルーツはしずみ、軽いフルーツは浮きます。

**用意するもの** 水そう 1こ／好きなフルーツ／水（水そうがいっぱいになるくらい）

半分に切ったり、こおらせたりして試してみても、ちがいが見られておもしろいよ。

# エピローグ 理科が好きになっていた！

ここにくれば誰でも
ふしぎが使える妖怪に
なれちゃうテーマ
パークだぜ

人間を
「おどろかせる」から
「感動させる」
なぜこのような
心変わりをした
のでしょう？
ふふふ、
それは

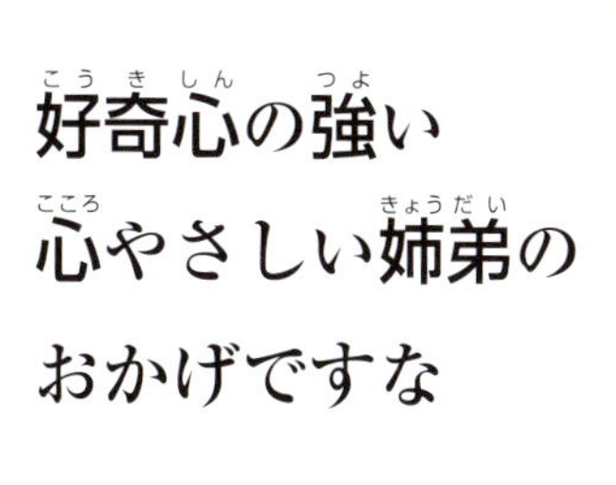
好奇心の強い
心やさしい姉弟の
おかげですな

ぼくたちの
ことかな?

今度遊びに
行ってみよう

あ!! そうだ忘れてた!!
自由研究の宿題しなきゃ!!
もうたくさん
してるじゃない

妖怪のふしぎを
ふりかえって
みたら?
そっか妖怪に
教わっていたのは
実験だったんだよね

よーし
早速とりかかるぞ！

# 自由研究ノートの作り方

**タイトル**

かんたんな短い言葉で、実験の内容をあらわそう。自分じゃない誰かが読んだときに「何をしたか」がわかるように書いてね。
(例) ×「バネの実験」、○「バネとのびの関係の実験」

## ドライアイスで液体の色を変える

3年1組　ケイ

**実験のきっかけ**

この実験をしたいと思ったのはなぜかな？　きっかけになったできごとを詳しく書こう。先に読み進めたくなるノートになるよ。

### 実験のきっかけ

狐の妖怪さんがドライアイスを使って、液体の色が変わる実験を見せてくれておどろきました。どうやって色を変えたのか気になり自分でも作ってみようと思いました。

**じゅんびするもの**

実験成功のためには、じゅんびが大事だよ。ノートを見た人が、同じものを用意できるように「大きさ・量・個数」も入れてね。

### じゅんびするもの

① 水（コップ6分目ていど）
② 紫いも粉（小さじ 1/4）
③ プラスチックのコップ　1こ
④ マドラー1本
⑤ ドライアイス 1かけら
⑥軍手 1そう
⑦スポイト 1本
⑧虫さされ薬
(アンモニア水が入っているもの 6～8滴)

**作り方**

手順がたくさんある場合は、2～5段階に分けてね。「5分間続ける」「40℃のお湯をかける」など、数・時間・温度も書こう。

作り方や手順にも、図や写真をそえるとわかりやすいね

### 作り方

①小さじ 1/4 ほどの紫いも粉を水に入れて溶かします。

③軍手をして、ひとかけらのドライアイスを入れます。

②虫さされ薬をスポイトで6～8滴くらいたらします。

自由研究ノートをまとめるとき、どんなことに気をつければいいの？
ケイの書いたノートをもとに見出しのつけ方や、それぞれのパートに書く内容を確認しよう！

**結果**

様子の変化は写真やイラストで、数値の移り変わりはグラフ・表にまとめるなど工夫してみよう。実験中の様子は、写真にとったりメモ用紙に書きとめたりしよう。写真はいろんな角度からとっておくと安心だよ。

## 結果

◀青色だった液体が赤紫色になりました。

## わかったこと

本で調べてみると、紫いもの色は酸性のものを入れると赤色に、アルカリ性のものを入れると青色に変わると書いてありました。だから紫いもの液体が赤色に変わったドライアイスは酸性、青色に変わった虫さされ薬はアルカリ性だとわかりました。

## 感想

最初妖怪さんに実験を見せてもらったときふしぎな妖術が出たとおどろきました。でもふしぎなことも調べてみるとしくみが必ずあるんだなと思いました。しくみを考えてみるのってゲームみたいでおもしろかったです。
またふしぎな実験やりたいな。妖怪さんありがとうございました！

## 参考にした本

『理科が好きになる！　妖怪とふしぎな実験』
NPO法人ガリレオ工房・監修（文研出版）

**わかったこと**

なぜそのような結果になったのか、自分なりの考えを導き出すよ。「思ったこと」「今後の課題」などがまざらないように気をつけてまとめてね。

**感想**

感じたこと、ふしぎに思ったこと、もっと知りたいことなどを自由に書こう。次の実験で気をつけることがあればここに書いてね。

**参考にした本**

最後に、実験を始めたときからノートをまとめるまでに、参考にした本を必ず書こう。タイトル・著者・出版社名を入れるよ。

SNSやネットの掲示板は参考に使っちゃダメよ

## 「用意するもの」の入手先

この本で紹介した実験に使う材料や道具の一部について、購入できるお店を紹介します。

※2024年11月時点の情報です。　※必ず保護者の人と一緒に購入しましょう。
※販売時のトラブルなどにつきまして、弊社は一切の責任を負いかねますので、あらかじめご了承ください。

**あいうえお**

**エタノール** … ドラッグストアなど。
**温度計** … ホームセンターや100円ショップなど。

**かきくけこ**

**角型9V電池** … ホームセンターや家電量販店など。
**きほうかんしょうシート** … ホームセンターなど。
**クリップ付きの導線** … ホームセンターなど。

**さしすせそ**

**消臭ビーズ** … 100円ショップやホームセンターなど。
**食用色素** … スーパーマーケットや100円ショップなど。
**洗濯のり** … 100円ショップやホームセンターなど。
**千枚通し** … 100円ショップやホームセンターなど。

**たちつてと**

**たれビン** … 100円ショップなど。
**てばりラミネートフィルム（めいしサイズ）** … 100円ショップなど。
**電子メロディー** … 100円ショップや雑貨屋などのメロディーカードから取り出し電池を外す。
**ドライアイス** … アイス屋、ドライアイス販売店など。
**トング（ゴム製のもの）** … 雑貨屋など。

**なにぬねの**

**尿素** … ホームセンターの園芸用品（肥料）売り場など。

**はひふへほ**

**パズルボード** … 100円ショップなど。
**ブラックライト** … 家電量販店やホームセンターなど。

**まみむめも**

**メラミンスポンジ** … ホームセンターや100円ショップなど。

## 参考文献

『おうちで楽しむ科学実験図鑑』尾嶋好美・著（SBクリエイティブ）
『大人の子育てを豊かにする、ファミリーマガジン momo vol.23おうちで実験特集号』momo編集部・著（マイルスタッフ）
『［新版］ 科学の実験 DVDつきあそび・工作・手品（小学館の図鑑NEO17）』NPO法人ガリレオ工房・監修（小学館）
『実験おもしろ大百科　理科がとくいになる!』科学編集室・編（Gakken）
『食べて楽しむ科学実験図鑑』尾嶋好美・著（SBクリエイティブ）
『理系脳をつくる　食べられる実験図鑑』宮本一弘・監修（主婦の友社）

# おわりに

この本では理科の教科書に書かれていない「科学」の実験をたくさん紹介しました。科学（Science）はラテン語で「知る」という意味のScioが語源で、私たちの身近で起きていることを知る学問です。古くから人は、火を使うことで灯りをとり、料理をしていました。火を使うためには、点火や燃やし続ける方法など、いろいろ試しながら火のことを知る必要がありました。これは立派な科学のはじまりです。また農作物を作る時期を知るのに天体の動きが研究され、科学は大いに発展しました。科学者は失敗や間違いをくり返しながら、現在も身近で起きているしくみを知るために研究を続けています。本書の実験をすることでふしぎに思い、しくみを知ることができたら、あなたの中の科学ははじまっています。また材料や方法を変えるなど、工夫することで科学は発展します。本書を通して、みなさんが科学に興味を持つきっかけになれば幸いです。

編集の鈴木真也氏は、実験が確実にできるように工夫を重ね、私のつたない説明にも粘り強く質問してくださいました。本書にはその結果が集約されています。刊行にあたり感謝申し上げます。

NPO法人ガリレオ工房、
立教女学院中学校・高等学校理科教諭

**原口智**

理科教員をしながら全国で実験教室などを行う。フジテレビ「ガリレオ」、NHK「漂流兄妹～理科の知識で大脱出!?～」などのTV監修、『小学館図鑑NEO科学の実験』、日本文教出版『大科学実験ノート』ほか監修・執筆多数。

監修

**NPO法人ガリレオ工房**

理科教師や研究者、報道関係者、学生などで構成する科学実験の研究・開発集団。雑誌・新聞・Webなどで執筆・監修している。全国で実験教室やサイエンスショー、被災地支援などを手掛け、テレビの科学番組にも企画協力する。

**原口智**（立教女学院中学校・高等学校理科教諭）

**原口るみ**（東京学芸大学教職大学院准教授）

**笹岡みちる**

STAFF

| | |
|---|---|
| 装丁・デザイン・DTP | 門松清香 |
| キャラクターデザイン・まんが | 加藤のりこ |
| 写真 | 清水亮一 |
| | 田村裕未（アーク・コミュニケーションズ） |
| 校正 | 鷗来堂 |
| 取材・文 | 片倉まゆ |
| 編集担当 | 鈴木真也、周藤千尋、兒島佑美子 |
| | （アーク・コミュニケーションズ） |
| | 木本真菜美（文研出版） |
| 撮影協力 | 立教女学院中学校・高等学校 |
| モデル協力 | シミズミハル |

理科が好きになる！
**妖怪とふしぎな実験**

ISBN978-4-580-88810-4
C8040 ／ NDC407 112P 30.4×21.7cm

2025年1月30日 第1刷発行

発行者　佐藤諭史
発行所　文研出版　〒113-0023 東京都文京区向丘2丁目3番10号
〒543-0052 大阪市天王寺区大道4丁目3番25号
代表（06）6779-1531　児童書お問い合わせ（03）3814-5187
https://www.shinko-keirin.co.jp/
印刷所・製本所 株式会社太洋社